GRAVITY EXPRESS

그래비티 익스프레스

중력의 원리를 파헤치는 경이로운 여정

GRAVITY EXPRESS

그래비티 익스프레스
중력의 원리를 파헤치는 경이로운 여정

조진호 글·그림

위즈덤하우스

추천의 글

우리가 어떤 과학적 원리를 잘 이해하려면 시대별로 과학자들의 입을 통해 그러한 원리가 밝혀진 과정을 따라가면서 공부하는 것이 가장 좋다. 자연의 네 가지 힘 중에서 가장 약하지만 우리에게 가장 친숙한 힘인 중력은 더욱 그렇다. 이 책은 그리스 철학자들로부터 뉴턴을 거쳐 아인슈타인에 이르기까지 중력에 대한 이해가 발전한 역사를 만화를 통해 재치 있게 풀어낸다. 기왕이면 후속 작품에서 아인슈타인의 중력 이론이 우주 자체의 기원과 우주에서 인간의 위치의 발견으로 이어진 이야기를 들려주었으면 좋겠다. _김희준 (서울대학교 자연과학대 화학부 교수)

'과학'하는 즐거움을 제대로 느끼게 하는 책이다. 아낙시만드로스에서 아인슈타인까지 2,000년 넘게 이어진 "왜 물체가 떨어질까?"라는 물음에 대한 탐구를 탐정소설처럼 흥미진진하게 끌고 간다. 손에 땀을 쥐게 하는, 그러면서도 과학에 대한 경외감으로 가슴이 벅차오르는 정말 멋진 '만화'책이다. _안광복 (중동고등학교 철학교사, 철학박사)

이 책에는 수많은 물음이 담겨 있다. 이런 물음들은 작가가 어린 시절에, 학교에서 과학을 배울 때에, 과학교사가 되어 가르칠 때에, 늘 그에게 끝 모를 호기심을 자아내던 샘물이었을 것이다. 그렇지 않았다면 '그래, 맞아!'를 연발하게 할 만한 공감의 호기심이 이토록 자연스레, 풍성하게 펼쳐질 순 없었을 것이다. 직업만화가의 세련된 그림 솜씨보다 작가가 빼곡히 적어 넣은 지문과 대사 그리고 그 스토리가 더 눈길을 끈다. 중력의 지배를 받는 인간이 중력의 성질을 깨달아가는 역사는 수많은 물음과 갖가지 답이 뿌려지는 기나긴 지식과 철학의 기차여행과도 같으며, 마침내 그 여행의 끝에서 갈릴레이, 뉴턴, 아인슈타인 같은 많은 역사 인물들이 함께 모여 아름다운 지식의 성찬을 즐긴다(마지막 장면을 보라). 그러나 성찬은 잠시일 뿐, 지식의 기차여행은 멈추지 않는다. 현대 물리학에서 우주의 네 가지 기본 힘 중 하나인 중력은 여전히 수수께끼 같은 존재이다. _오철우 (한겨레신문사 사이언스온 운영, 과학 담당 기자)

물리학의 세계를 예술로 표현할 수 있다는 것은 빼어난 재주와 환상, 그리고 고집스러운 철학이 없으면 불가능한 일이다. 이런 일을 하고자 하는 사람은 남이 보지 못한 것을 보는 창의적인 사람이거나 물리학적 로망에 사로잡힌 사람임에 틀림이 없다. 이 책은 중력이라는 물리학적 문제를 역사적으로 상상하고 철학적으로 풀어낸 작품이다. 나는 오랫동안 '그림을 그리

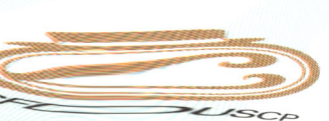

…꼽아 기다려왔다. 이 책이 그 첫 페이지를 연 것 같아 자랑스럽다. **_이기진** (서강대학교 물리학과 교수,

"더 이상 간단하게 만들 수 없을 때까지 간단하게 만들어라." 아인슈타인의 말은 물리학에만 필요한 게 아니다. "더 이상 쉬워질 수 없도록 간명하게 보여주라." 만화는 천 마디 말과 고등수학으로도 전할 수 없는 우주의 원리들을 몇 장의 그림으로 보여주기도 한다. 이 책이 증명한다. **_이명석** (만화비평가)

책을 펼친 순간, 나는 상대성의 법칙을 몸으로 체감했다. 저자의 동그란 안경 속 눈동자에 이끌려 시작한 중력과 함께하는 여행 코스는 눈깜짝할 새 끝나고 말았기 때문이다. 식상하면서도 생소하고, 당연하면서도 불합리한 중력이라는 개념을 이토록 매력적으로 풀어놓다니. 밤하늘의 별들이 왜 내게로 떨어지지 않는지를 궁금해한 적이 있는 사람이라면 꼭 한 번 이 책과 함께 중력의 여정을 따라가시길! **_이은희** (과학칼럼니스트)

어려운 물리 개념을 글과 그림으로 쉽고 생동감 있게 전개해나간 것이 참으로 신선하다! 고대 그리스시대에서부터 현대에 이르기까지 2,500년 중력의 역사가 반전에 반전을 거듭하면서 최종적으로 자리잡을 때까지의 모든 과정이 한 편의 드라마처럼 펼쳐진다. 이 책을 통해 독자는 인간이 중력의 개념을 이해하기 위해 얼마나 많은 사고의 전환을 이룩해왔는지를 시대별 과학자와 철학자, 수학자들을 총동원시켜 마치 자신이 그들인 것처럼 진지하게 고민하고 사고하며 토론할 수 있을 것이다. 만유인력을 발견한 뉴턴의 위대한 사상도 아인슈타인의 4차원 시공간 개념에 의해 밀어내는 힘의 개념으로 사고의 반전이 일어나면서 새로운 중력의 개념으로 자리잡았다. 300년간을 지탱해온 뉴턴 물리학의 상식(시간과 공간이 분리되어 있음)을 내팽개친 아인슈타인의 시공간에 대한 사유(시공간은 하나의 연속체)는 20세기 과학사상 중 가장 위대했음을 보여준다. 과학을 공부하는 학생들뿐만 아니라 일반대중에게도 흥미롭고 유용한 지침서가 될 것이다. **_전동성** (민족사관고등학교 물리교사, 공학박사)

작가 서문

한 편의 소설 같은 중력의 역사

어린 시절 충격적으로 다가와서 한동안 후유증에 시달리게 한 두 가지 영상물이 있었는데, 〈스타워즈〉와 칼 세이건의 〈코스모스〉였다. 작은 브라운관을 통해서 보았지만 그 너머는 감당하기 어려울 정도로 광대했다. 산보다 크고 지구보다도 훨씬 큰 천체들과, 빠져나올 수 없는 우주 소용돌이, 그리고 그 모든 것을 담고 있는 끝없는 공간…… 그야말로 상상 속에서나 가볼 수 있는 판타지였다. 하지만 곧 그곳이 거짓으로 꾸며낸 허구의 세계가 아니라 내가 발 디디고 있는 이곳, 실재하는 우주라는 사실을 알았다.

지금은 이런 질문이 떠오른다. 드넓은 시공간, 태초의 빅뱅, 블랙홀, 불타는 거대한 항성…… 이런 것들이 실제로 존재한다는 것을 인류는 어떻게 알아냈을까? 직접 가서 만져보지도 않고서 무슨 근거로 그렇게 확신하듯 말할 수 있는 것일까? 앨리스와 걸리버가 다녀왔다는 이상한 세상과 무슨 차이가 있기에 지금의 세상이 실존하는 현실이라고 말하는 것일까?

이 질문에 대한 해답의 핵심은 '중력(重力, gravity)'에 있었다. 현재 우리가 알고 있는 우주의 모습은 인간이 설명한 중력에 대한 지식을 바탕으로 그려진 것이다. 호기심 어린 영특한 사람들의 생각들이 오랜 시간 동안 축적되어왔고, 통찰력과 상상력을 지닌 위인들에 의해 중력이 발견되었으며, 그 결과 오늘날 우리는 우주가 이렇게 생겼고 저렇게 흘러갈 것이라고 말할 수 있게 되었다.

중력의 역사에서 수학은 중요한 도구였다. 특히 근현대의 중력의 발견은 수학으로 일궈낸 성과라고 말해도 무리가 없다. 하지만 내가 수학보다 더욱 흥미를 느꼈던 부분은 중력의 원리와 개념을 발견해나간 사람들의 상상력이다. 중력의 역사는 기술의 발전과 보조를 맞춰간 다른 부분의 과학 역사와 달리 대부분이 인간의 상상력만으로 이루어졌다. 중력을 발견한 역사의 주역들은 이런저런 상상의 세계를 수없이 넘나들며 잘못된 길에 들어서기도 하고 구렁텅이에 빠지기 일쑤였다. 바로 이런 혼돈과 실패! 이런 방황의 역사를 찾아보자고 한 것이 이 책 《그래비티 익스프레스(Gravity Express)》를 쓰게 된 출발점이었다.

이런 환상을 가져본다. 그들의 대화를 엿듣고 그들의 머릿속 상상의 세계에 들어가볼 수 있다면? 그것이 그들의 생각을 가장 잘 이해할 수 있는 길이 되지 않을까. 이 책을 통해서 나는 이런 로망을 실현해보고 싶었다.

책 속의 이야기는 대체로 시간순으로 전개되지만, 각 장을 나눈 기준은 고대부터 현대에 이르기까지 사람들이 '중력을 감각적으로 어떻게 인식했나'로 잡았다. 중력은 아래로 떨어지는 현상이기도 했고, 중심 방향으로, 또는, 표면에서 끌어당기는 현상이고 또는 반대로 밀어내는 현상이기도 했다. 신시대 사람이나 지금 사람이나 변함없이 대지 위에 서 있고 무게를 감지하고 비슷하게 적응했는데 중력을 이렇게 다르게 인식했다는 것은 흥미로운 부분이다. 이 책을 통해서 그러한 인식의 변화를 살펴보는 동시에, 중력이 무엇인지 제대로 알고 시시각각 변해온 우주관에 대해서도 알아가면 좋겠다. 나아가 중력을 이해한다는 것이 어떤 이유로 우주의 모습을 이해하는 것으로 이어지는지를 어느 정도 살펴볼 수 있는 기회가 되었으면 한다.

이 책에 등장하는 많은 사람들은 실존인물이고 그들의 생각을 충실히 반영하려고 노력했다. 수식을 사용한 구체적인 이론 설명보다는 등장인물들의 상상과 영감, 사건의 흐름과 반전에 초점을 맞추었다. 그 과정에서 글의 전개와 독자들의 이해를 돕기 위해 필자가 임의로 꾸며낸 이야기들이 몇몇 있다. 예를 들면 본문에서 아리스타르코스가 아리스토텔레스보다 나이가 많게 나오지만 실제로는 그 반대이고, 장 뷔리당과 오렘이 배 위에서 대화를 나눴다는 역사적 사실은 존재하지 않는다. 철학자와 과학자들이 상상하는 장면도 자주 나오는데 실제로 그들이 그런 식으로 상상했는지는 알 수 없는 일이다. 이런 부분들을 직접 찾아보며 한 편의 '과학소설'을 보듯 책을 읽어나가도 흥미로울 것이다.

무엇보다 이 책이 독자들에게 지식보다는 자기 안의 '느낌과 궁금증'을 발견하고 깨닫는 데 작으나마 보탬이 되길 바란다.

2012년 10월

조진호

차례

추천의 글		…004
작가 서문	한 편의 소설 같은 중력의 역사	…006
PROLOGUE	무엇이 떨어지게 하고 무게를 가지게 하는가?	…010

CHAPTER 01	적응기 — 중력! 극복의 대상에서 이해의 대상으로	…015
CHAPTER 02	떨어질 곳을 잃어버리다 — 우주가 굉장히 크다	…037
CHAPTER 03	자기 위치로 떨어진다 — 질서 정연한 우주	…077
CHAPTER 04	그것이 아니오 — 아리스토텔레스에 대한 반박	…097
CHAPTER 05	떨어진다는 것은 끌어당기는 것 — 지상의 언어로 낙하를 설명하다	…123
CHAPTER 06	끌어당긴다는 어떤 추측도 할 수 없다 — 천상의 언어로 낙하를 분석하다	…145
CHAPTER 07	맞다, 끌어당긴다! — 뉴턴이 끝내다	…183
CHAPTER 08	승리 뒤의 씁쓸함 — 말은 되는데 이해가 안 된다	…219
CHAPTER 09	전부 다 착각 — 오히려 밀어낸다는 게 맞다	…245

EPILOGUE	인류를 움직인 가장 단순한 질문	…289
감사의 글	《그래비티 익스프레스》 개정판을 내며	…298
중력사 연표		…301
주요 등장인물 소개		…302
참고문헌		…306
찾아보기		…307

프롤로그 _ 무엇이 떨어지게 하고 무게를 가지게 하는가?

'물체가 떨어지는 이유는 중력 때문이다'라는 상식을 보통은 다 가지고 있다.

이것 말고도 중력의 효과에 대해서 잠시만 생각해보면, 여러 가지를 더 나열할 수도 있다.

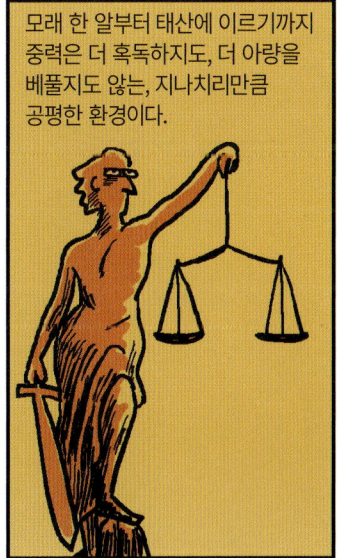

다른 동물들도 그렇겠지만 인간은 환경으로부터 오는 자극을 감지하고 해석하는 능력이 있다. 냄새, 온도, 밝기, 질감 등의 자극을 받는 즉시 뇌는 그 자극의 배후에 무엇이 있는지를 짐작한다.

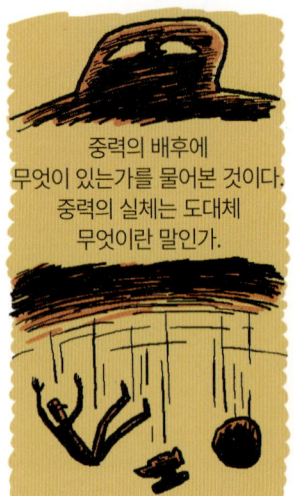

만유인력…. 만유인력은 인간이 불과 300년 전에 깨우친 지식이기도 하다. 중력이라는 단어 속에 있는 힘의 개념도 비교적 최근의 인식이다. 호모사피엔스 15만 년의 시간에 비하면 말이다. 그렇다면 만유인력이나 상대성이론을 발견하기 전은 어땠을까? 무지의 상태로 시간만 보내고 있었을까? 그게 아니라면 무슨 생각을 했을까?

GRAVITY EXPRESS CHAPTER 01

적응기

중력! 극복의 대상에서 이해의 대상으로

나는 대지와 하늘을 떠받들고 있는 네 개의 바람을 경험한다.
이 바람들이 하늘 위에서 마치 천막처럼 퍼지는 것을, 하늘과 대지를 어떻게 받치고 있는지를 느낀다.
이는 하늘의 기둥이다. 하늘을 휘돌며 태양과 모든 별들을 지게 하는 바람을 나는 맛본다.
— 〈에녹서〉 중에서

수십억 년 지구 생명체의 역사에서 생명체를 위에서 아래로 짓누르는 무엇, 어딘가에 매달리거나 기대어 있지 않으면 위에서 아래로 떨어지게 하는 무엇은 어떤 의미였을까? 이 무엇은 지독하리만큼 극복하기 어려운 대상이 아닐 수 없다. 생명체는 수십억 년 동안 이 무엇과 싸워 이겨내기 위해 무던히 애썼고, 생명체들의 겉모습에서 그 고통과 적응의 흔적을 찾을 수 있다. 생명체 역사에서 아주 최근에 출현한 인간 또한 무거움을 극복하기 위한 나름의 방법을 가지고 있었다. 그런데 극복하는 데에서 한 걸음 더 나아가 인간은 무게와 떨어지는 원리를 이해하기 시작했고, 생존과 편리를 위해 어떤 종보다도 그것을 잘 이용하기에 이른다. 더 놀라운 점은 인간이 우주의 모양을 상상하거나 우주 속에서 자신의 위치를 추측하는 데 무게, 낙하와 같은 것이 가장 근본적인 생각의 출발점이라는 사실을 깨달았다는 것이다.

생명체가 우리 세상에 최초로 출현한 시점이 언제였는지, 어떻게 생겨났는지에 대해서 과학자들은 이런저런 추론들을 내놓는다. 어떤 이는 생명체의 조상은 여기가 아닌 곳, 외계에서 왔다고도 한다. 어쨌든 그 시점이 아주아주 오래전임은 분명하다.

'생명'이라는 것이 무엇인지 정의를 내리는 것이 우선일 텐데…

이것은 생각보다 훨씬 심오하고 어려운 일이다.

외부 환경과 구분되는 특이성이 있고

*물질대사를 하며

자극에 반응하고

자신의 복제품을 만드는 것.

이런 것이 생명의 교과서적 정의다.

그들의 출현에 거창하거나 드라마틱한 사건은 없었으며,

물질과 생명의 애매한 경계점에서 소리소문 없이 나타났고, 물속에서 오래… 아주 오랫동안 자신의 복제를 반복해서 만들며 큰 변화 없이 살았다.

*물질대사(metabolism) : 생물 안에서 일어나는 물질의 분해와 합성과 같은 변화작용. 이를 통하여 생물은 생명활동에 필요한 에너지를 얻거나 노폐물을 방출한다.

물은 생명체의 삶을 지탱하는 근간이다.
생명활동에 필요한 모든 화학반응은 물 없이 불가능하다.

물로 빈틈 없이 에워싸여 있어야만
생물들이 살아갈 수 있다.

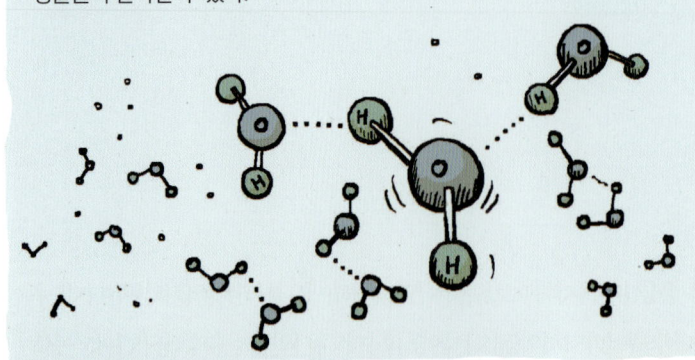

육상생물도 알고보면
물주머니와 다를 바 없다.

이런 까닭으로 외계 생명체를 찾을 때
일단 물부터 찾아나서는 것이 상식이다.

물과 생명체···.

이런 이야기들은 다분히 인간, 아니 지구 생명체 중심의
사고방식이기는 하다.

우주의 생명체는 지구 생명체와
비슷할 거야!

생명체는 점차 복잡해지고

동시에 덩치를 키워나간다.

개중에 몸집이 큰 생물은
지느러미를 펄럭이지 않으면
왠지 모르게 자꾸 어두운 곳으로 향하려고
한다는 것을 어렴풋이 느낀다.

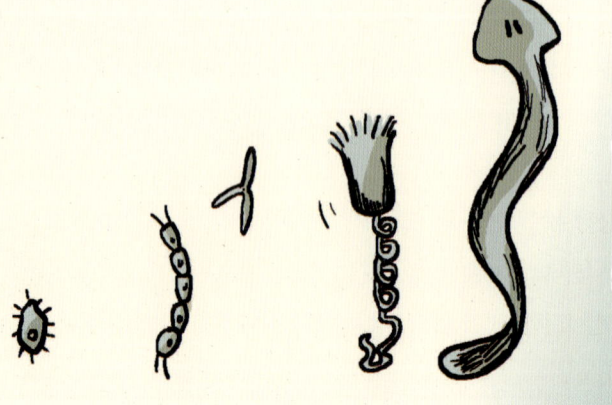

뭐냐,
아래로 쏠리는
이 느낌은···

그러다가 생명체에게 역사적인 사건이 발생하는데… 바로, 물에서 벗어나기 시작한 것이다.

이런 멋진 장면은 기대하지 말자.

여러 가지 이유로 어쩔 수 없이 뭍으로 밀려나갔을 것이다.
물 밖은 그야말로 생지옥이다.
뜨거운 기운으로 몸은 금세 바짝 마르고, 숨쉬기조차 힘들다.

지… 지옥이다. 여기는…

육지의 척박하고 낯선 환경 가운데 유독 힘든 하나가 있었다.

땅으로 사정없이 짓눌리는 고통.
이것 때문에 움직이는 것이
여간 힘들지 않았다.

움직이려면 몸을 들어올려야 한다.

다리가 필요하다.

헤아릴 수 없는 긴 시간이 흐르고 흐른다.
그동안 수많은 종들이 멸종하고
새로운 종들이 출현하기도 한다.

먹고 먹히는 치열한 세상에서
몸이 크다는 것은 최고의 경쟁력이다.

몸집을 경쟁적으로
키우는 쪽으로
***방향성 선택**의
진화가 일어난다.

***방향성 선택**(directional selection) : 한쪽으로 형질이 많아지는 자연 선택.

30억 년이라는 지구 생명체의 시간을 보면 지금쯤 산(山)만 한 생물이 있을 법도 한데 왜 그렇지 못할까? 여러 가지 이유가 있다.

크면 움직이는 데 그만큼 큰 에너지가 필요하다. 하지만 에너지는 한정되어 있다.

에너지는 외부에서 건너와야 하는데, 몸집이 커지면 외부 환경과의 접점이 되는 표면적이 부피를 따라가지 못하는 것도 이유 중 하나다.

육상생물 중 가장 컸던 공룡들의 존재가 가능했던 이유는 당시에 대기 중 산소가 지금보다 풍부했던 까닭이다. 이렇듯 생명체는 환경이 허락하는 대로 살아간다.

생물이 더 클 수 없는 이유는 이 책의 주제와 관련이 깊다. 바로, **중력!** 커지는 무게를 지탱할 골격과 근육은 한계가 있는 것이다.

인간을 빼닮은 거인 로봇은 효율이 극히 떨어지며

《걸리버 여행기》에 나오는 크기만 다르고 똑같은 외양을 지닌 두 종족은 지구에서 양립할 수 없다.

중력이 이를 허락하지 않는다.

수중환경에서는 수압으로 인해 납작해지는 영향을 받지만 육상에서의 중력의 영향은 육상생물의 몸집이 상대적으로 작을 수밖에 없도록 한다.

식물은 그나마 사정이 조금 나아서
동물보다 크게 자랄 수 있다.
키가 큰 것은 경쟁자들을 제치고 광합성을
풍부하게 누릴 수 있는 엄청난 혜택이기에,
무럭무럭 크는 쪽으로 진화가 촉진되었지만
키가 크면 클수록 중력을 거슬러 물을 꼭대기까지
피올리기가 어렵고, 부러지기 십상이다.

한마디로 중력은 지구 생명체에게 재앙이다!

중력, 극복의 대상!

물론 꼭 그런 것만은 아닌 듯하다.
고양이는 물이 떨어지는 순간을 이용해서 물을 먹는다.

똑똑하지?

알게 모르게 생물들은 중력을 이용한다.

지금으로부터 대략 200만 년 전, 중력을 혁신적으로 다루는 생명체가 출현한다.

현재 인류와 비슷한
***사람류**(Hominin).
이들은 다른 영장류와 구분되는
특징이 있었는데,
영리하고, 호전적이며, 호기심이 많고
집단의 힘을 잘 알고 있었고
어떤 면에서는 예측 불가능했다.

사람류들을 보면 자연이 종의 운명을 결정한다는
공식을 깨는 듯하다.
이들은 '우리 운명은 우리가 결정한다'라는
오만함을 보이기도 하고,

때때로 환경과 조화를 이루고 다른 종들까지
책임져야 한다는 소명의식을 가지기도 한다.

이들은 몸집도 큰 편이어서 땅으로 눌리는 무게를 충분히 느끼는 존재인데, 무거움을 극복하는 간단하면서 매우 창의적인 진화의 길을 선택한다.

두 앞발을 땅에서 떼어 상체를 일으키고, 무게를 뒷다리로만 지탱하는 **'직립보행'**이 그것이다.

물론 다른 동물들도 설 수 있는 경우가 꽤 많지만, 선 채로 그 자세를 얼마나 오랫동안 자연스러우면서 피로하지 않게 유지하느냐가 중요하다.

사람류의 골격과 근육의 구조는
시간의 흐름과 함께
더욱 완벽해진다.

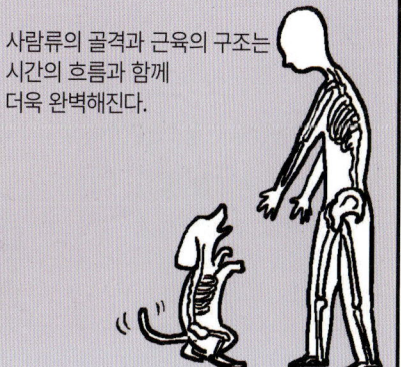

***사람류**(Hominini) : 침팬지보다 사람과의 연관성이 더 큰 종으로서 지금까지 대략 20여 종이 발견되었다.

안타깝게도 사람류의 모든 종은 멸종하고 살아남은 자는 우리뿐이다.

스스로 '사람'이라고 부르며, 분류 체계상으로는 *호모사피엔스라고 한다.
긴 다리와 서 있기에 적절한 골반 모양, 머리에서 발끝까지 이어지는 동선에 구부러짐 없이 지면과 수직 방향으로 된 신체구조는
호모사피엔스를 오랫동안 걸어도 잘 지치지 않는 지구력의 달인으로 만들었다.

털이 없는 몸도 장점으로 부각되는데, 흐르는 땀이 신속히 기화하면서 우리 몸의 열을 빼앗아가고 체온을 유지하는 데 큰 도움이 된다.
방랑벽이 있는 호모사피엔스는 이러한 신체를 가지고 15만 년 전 아프리카에서 출현하여
짧은 시간 동안 세상 어디에도 밟아보지 않은 곳이 없을 정도로
부지런히 여행을 이어간다.

*호모사피엔스(Homo sapiens) : '지혜로운 사람'이라는 뜻으로 오늘날의 인간을 종으로 표현하는 명칭. 호모에렉투스(Homo erectus)에서 진화해나온 것으로 추정하며 대략 20만 년 전에 아프리카에서 기원했다는 설이 유력하다. 현생 인류는 정확히는 호모사피엔스사피엔스(Homo sapiens sapiens)이며 호모사피엔스의 아종으로서 4~5만 년 출현했고, 여러 가지 면에서 급격한 변화가 일어났으며 무엇보다도 창조력이 호모사피엔스와 차별화된다.

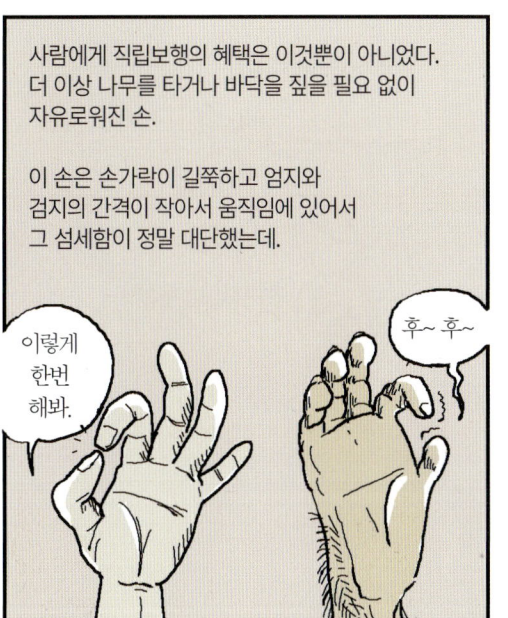

***양성피드백**(positive feedback) : 인체의 생물학적 조절 시스템에서 주로 사용되는 용어로, 어떤 원인에 따른 결과가 다시 원인에 작용해서 그 결과를 촉진시키는 원리를 일컫는다.

뭐니뭐니 해도 사람을 다른 생명체와 구별되게 하는 것, 사람 하면 떠오르는 것은
결국, (기타 다른 것들도 결국 이것을 위한 하수인에 불과하다.)

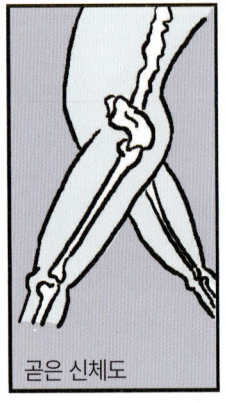

곧은 신체도

복잡한 언어구사력도

깊이감을 구별하는 눈도 중요하지만…

바로 **큰 머리다!**

사람의 200만 년 진화의 역사 속에서 가장 뚜렷이 진화가 가속된 부분은 두뇌 크기와 복잡성이었다.

뛰어난 머리를 가진 우리 인간은 세상의 모든 물체가 떨어지고 무거움이 있다는 것을 극복하고 적응하는 것을 초월해서,
이 현상을 어떻게 다루어야 하는지, 어떤 식으로 이용해야 하는지에 아주 능수능란했다.

큰 두뇌는 영리함을 선사했고 동시에 또 다른 특별함도 지녔는데, 관념 속에서 이미지를 구체적으로 그릴 수 있는,
즉 보이지 않는 것을 보는 능력, 바로 **상상력**이 그것이다.

바로…

이런 일이 벌어졌던 거군…

진화의 역사에서 보았듯이 모든 생물은 생존을 위해 무던히도 투쟁했고, 사람의 상상력은 그들의 생존율을 높이는 데
꽤나 유용했음에 분명하다.

사람에게 특이한 점은 상상력이 생존에만 쓰이는 데 그치지 않았다는 것이다.

상상력은
유용함과는 거리가
먼 데까지
뻗어나갔다.

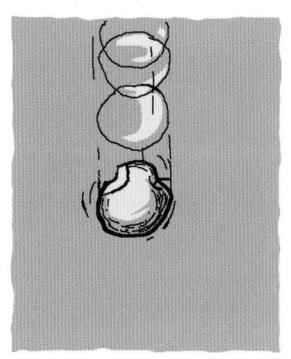

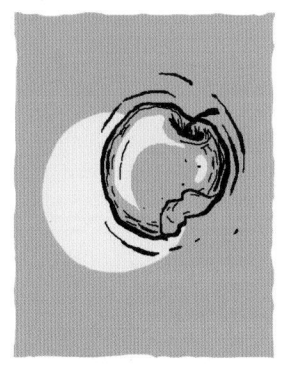

상상력을 발휘하는 데 목적은 없어 보인다.

그저 궁금할 뿐이다.

갈증과도 같고 그 자체로 즐거움이다.

인간은 일찍이 상상력에다
냉철한 이성을 더해서
새로운 문을 열 채비를 갖추었다.

중력은 극복해야 하는 환경에서, 인간에 의해 탁월하게 이용되더니… 급기야 새로운 차원의 문이 열린다.

중력을… 이해하고 싶어!

그렇다면 이해의 출발점은 어디였을까?
왜 굳이 중력을 이해하려 한 것일까?
어떤 까닭으로 중력이 궁금해진 것일까?

아마도 중력에 대한 궁금증은 또 다른 더욱 근본적인 궁금증에서 시작되었을 것이다.

'우주는 어떻게 생겼을까?'
'우주에서 나의 위치는 어딜까?'
……

21세기를 살고 있는 우리는 이 질문들에 대해 상식적인 답안을 떠올릴 수 있다.

이거 아니야?

언제 배웠는지 기억조차 흐릿할 만큼 오래전부터 알고 있었던 상식이다. 우주관은 아무리 어린아이라도 알고 넘어가야 할 만큼 가장 근본적인 지식이었을 터.

지구는 둥그니까~ 자꾸 걸어나~가면~

잘한다!

하지만 꼭 그렇지만도 않다. 우주가 꼭 상식대로 돌아가지 않는다는 발칙한 상상을
우리는 끊임없이 하고 있지 않은가…

과거 사람들은 어땠을까?

이집트인들에게 비춰진 세상의 모습을 보면, 대지의 신과 하늘의 신이 멋진 자세를 취하고 있고, 태양신은 배를 타고 하늘의 강을 건넌다.

또 다른 이집트인들은 우주를 거대한 석관에 비유했고 그 안에 아름다운 이야기를 담아냈다.

사람의 모든 부분은 우주의 신들과 연결되어 있다. 사람의 오른쪽 눈은 태양신 *라와, 20개가 넘는 각 척추마디들은 **네테르와 대응된다. 우리 몸은 소우주이며 대우주와 연결된다.

*라(Ra) : 고대 이집트의 낮과 정오를 담당하는 태양신.

***히브리인들은 네모난 보자기가 물 위에 떠 있으며, 세상의 끝에 4개의 문이 있고, 하늘 위에는 신들의 세계가 있다고 했다.

고대 페루인들은 세상을 상자로 묘사하며 상자 위에 역시 신이 존재한다고 했고,

어떤 고대들인들은 하늘이 대지 위에 천막처럼 씌워 있다고도 했다.

고대 인도의 시에는 "세상은 영원무결한 나무 안에 하나의 가지 안에 존재하며 무수히 많은 세상 중에 하나"라는 구절이 있다.

필자는 어렸을 때, 세상이 주전자와 흡사할 것이라고 생각한 적이 있다.

이 가운데 옳고 그른 것을 분간하는 것은 아무런 의미가 없다. 사람들은 각자에게 익숙한 **경험**을 바탕으로 우주의 모습을 떠올린다.

****네테르**(neter) : 신(god)을 뜻하는 고대 이집트 말. *****히브리**(Hebrew) : 고대 이스라엘 민족을 일컫는 말로서 '헤브라이'라고 하는데, 한국에서는 '히브리'로 많이 쓴다.

고대인들의 머릿속에서는 기계적인 사고방식도 엿볼 수 있다.

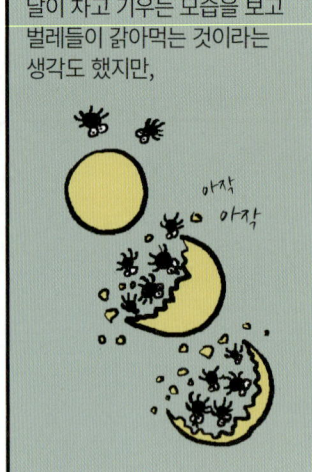

하지만 우주가 유한하다는 생각에도 문제가 없지 않다. 오히려 생각할수록 머리 아픈 미궁 속으로 빠지게 되는데…

이것은 실로 오랫동안 철학자들을 괴롭힌 어려운 문제였다.

두 번째 주목할 공통점은 '위와 아래가 있는 세상'이라는 것이다. 위와 아래는 물체가 떨어지는 방향에 따라 결정된다.

그래서 예로부터 천체들에 신적 의미를 부여하는 경우가 많았다.

하지만 곧 엄청난 반전이 일어난다. 지금까지 그다지 궁금하지 않았고 이해하려고 시도를 못했던… 중력!
모든 것의 무게와 떨어지는 현상에 대한 본격적인 생각에 돌입하게 된다.
무엇이 이를 촉발했을까?

그것은 세상이 그들의 생각과는 다르게 생겼을지도 모른다는 생각.
땅이 평평하지 않을 수도 있다는 느낌.
그리고 이보다 더 무시무시한 생각의 전환이 있었다…

과학의 역사에 등장하는 사색가들은 두 가지 성향으로 구분할 수 있다.

공상하는 사람.

측정하고 계산하는 사람.
드물게 두 가지 면모를 다 가진 사람도 있긴 하지만…

공상가는 말 그대로 꿈꾸듯 상상의 나래를 펼치는 사람이고, 측정하고 계산하는 사람은 감정을 배제시키고 냉철한 이성만을 믿는다.

생각의 성향이 다르지만 공상과 계산 두 측면은 서로를 밀고 끌어주는 관계로,
어느 한 면만 있었다면 과학의 도약이 불가능했을 것이다.

공상가는 상식을 벗어난 과감함으로
완전히 새로운 길들을 터놓았고,

냉철한 이성을 지닌 계산하는 사람은 어지러운 상황에서
갈 길을 정확히 비추었다.

우리는 앞으로 만나게 될 사색가들로부터 두 가지 생각의 방향을 볼 수 있으며, 둘 사이의 조화로운 관계 또한 보게 될 것이다.

GRAVITY EXPRESS CHAPTER 02

떨어질 곳을 잃어버리다
우주가 굉장히 크다

지구뿐만 아니라 수많은 세계가 있다는 것은 정말 골치 아픈 문제를 던져준다.
그 문제는 아래로 떨어지는 낙하현상과 물체의 무거움에 대한 것이다.
무거움을 위한 곳, 가벼움을 위한 곳이 여러 지점이라면 온 우주의 물체는 어디로 떨어져야 하는가?
공기와 불은 어디로 상승해야 하는가?
달의 파편이 지구로 떨어지리라고 예상할 수 있는가?
— 존 윌킨스

인간이 맹수보다도 질병보다도 두려워한 유일한 존재가 있었으니… 자연 그 자체였다. 변화무쌍하게 들이닥치는 천재지변은 도저히 감당할 수 없는 것이었고 그저 신께 기도하는 수밖에는 다른 방법이 없었다. 동시에 자연은 무척이나 신비롭고 아름다우며 경외로운 존재이기도 했다. 그런데 인간은 언젠가부터 감히 그 위대한 자연을 이해할 수 있다는 생각을 하기 시작했다. 땅이 구형으로 생겼으며, 달과 태양은 더 이상 신이 끌고 다니는 불덩어리가 아니다. 이런 자신감은 다름 아닌 숫자에 대한 이해에서 기인한다. 직접 만져보고 재보지 않고서도 천체들이 어떤 존재인지, 얼마나 큰지를 계산해낼 수 있다. 필요한 것은 단순한 측정도구와 두뇌뿐이다. 인간이 계산해낸 측정값은 놀라움 그 자체였다. 지구, 달, 태양은 상상 이상으로 거대했으며 광활한 우주공간에 둥실 떠 있다. 이때 인간의 머릿속을 혼란스럽게 괴롭히는 고약한 것이 하나 있었는데, 지상의 모든 물체는 무게감을 가지고 아래로 떨어진다는 사실이다. 어찌하여 구형의 지구 위에서 우리는 아래로 굴러떨어지지 않으며, 지구 자체는 어떻게 떠 있으며, 왜 달과 태양은 아래로 떨어지지 않는가?

역사적으로 참신하고 혁신적인 생각을 하기로 이름난 사람들이 있었다. 그들은 변방의 작은 국가에서 짧은 시간 동안 큰일을 해냈다. 바로 그리스의 철학자들이다.

그리스 철학자들은 이전까지 그리고 그 후로도 오랫동안 없었던 전혀 새로운 안목으로 자연을 이해했다.
그리고 그 특유의 사고하는 방식은 후대의 사색가들에게 영감을 제공했다. 한마디로 길을 터주었다.

왜 하고많은 지역 중에 그리스였을까?

당시 그리스는 다른 국가들에 비해서 작은 규모로, 주로 섬을 기반에 두고 난립해 있었다.

척박한 기후와 지형 때문에 농업을 포기해야 했던 사람들은 무역가이자 여행가가 되어야만 했다.

덕분에 여기저기 돌아다니며 다양한 문화를 접할 수 있었고, 이것은 반짝이는 창의성으로 이어졌다.

국가가 작다 보니 중앙권력으로부터의 사상이나 종교의 강요가 약한 편이었는데, 이것은 그리스 사람들에게 생각의 자유를 제공하는 결과를 낳았다.

임금님 귀는 당나귀 귀~

푸하하

역사적으로 봐도 개인의 몸과 생각의 자유가 풍족한 때에 가장 훌륭한 뭔가가 만들어졌다.

그리스 철학자들에게는 자연현상이 신만이 알고 있는 변화무쌍한 것이 아니었고, 이해하고 예측할 수 있는 대상일 것이라는 자신감이 있었다.

'물체가 무게가 있고 아래로 떨어진다'는 자연현상도 물론 포함된다.

도대체 무엇이 그 자신감의 원천이었는지 알아볼 필요가 있겠다.

타앗!

***아낙시만드로스**에게 신은 '게으름쟁이'였다. (기원전 600년)

***아낙시만드로스**(Anaximandros, BC610년경~BC546년경) : 고대 그리스 밀레토스학파의 철학자.

아낙시만드로스는 높이 올라갈수록 멀리 보인다는 사실이
땅이 둥글다는 증거라는 설명을 하고 있다.

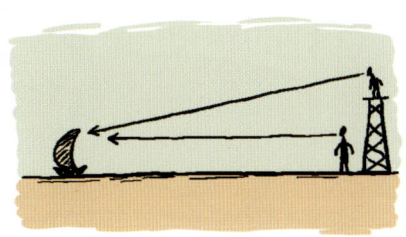
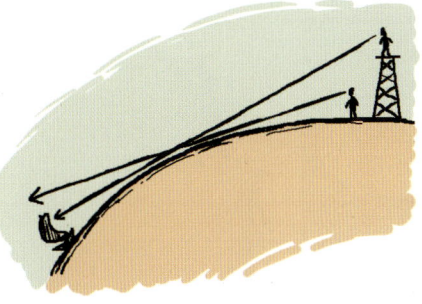

땅이 평평하다면 보는 높이에 관계없이
다 보이겠지만,

실제로 땅이 구부러져 있기 때문에
높이 올라가야만 멀리 보인다는 것이다.

*헬리오스(Helios) : 그리스 신화의 태양신.

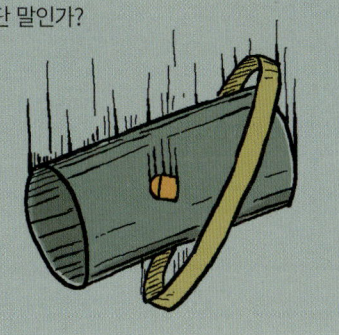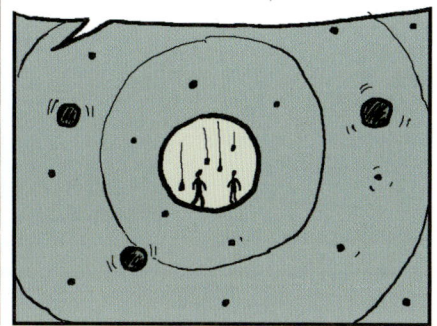

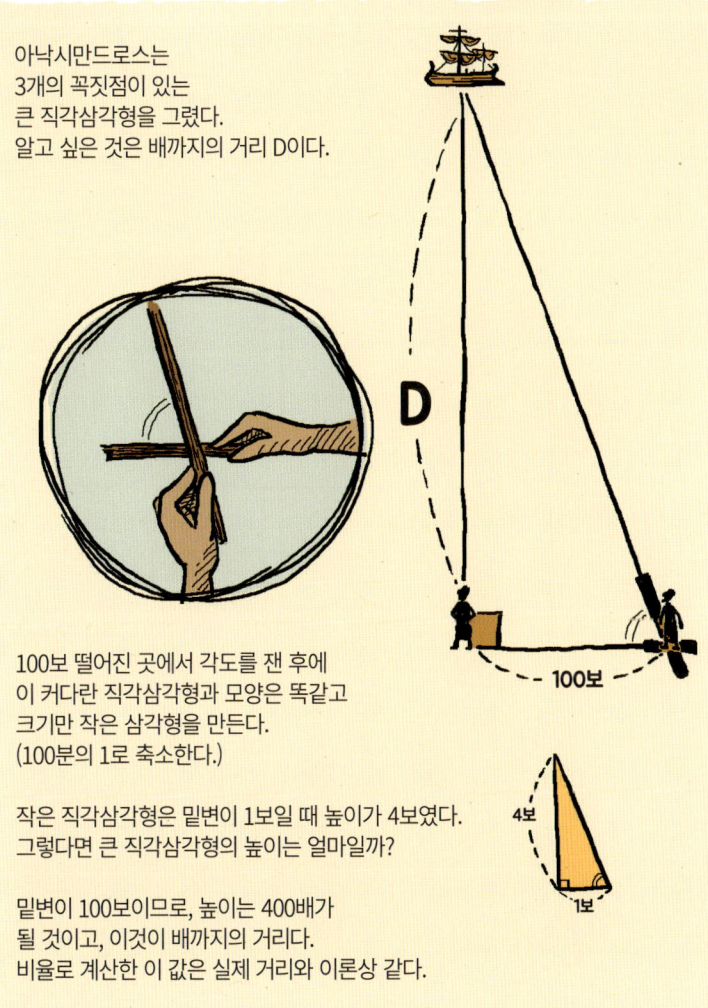

*탈레스(Thales, BC624년경~BC546년경) : 고대 그리스 밀레토스학파의 시조.

*피타고라스(Pythagoras, BC582년경~BC497년경) : 고대 그리스 사모스섬 출신의 철학자.

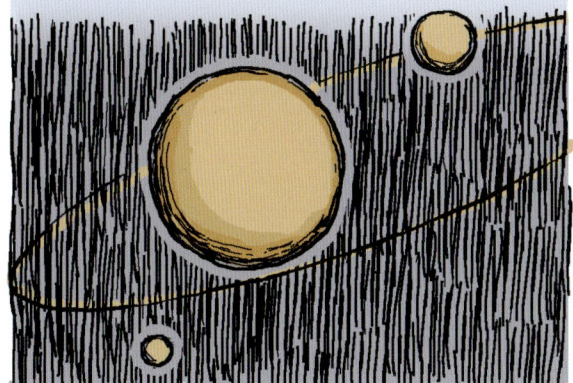
피타고라스의 우주관은?
공간의 모든 방향으로 완벽한 입체는 '구'이다.
그래서 지구도 구, 우주의 모양도 구이다.

구의 모양을 한 천체들은 움직이면서 완벽한 화음을 낸다.

우주는 하나의 오케스트라와 같다.

그런다고 들리니?

딱!

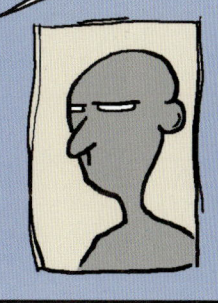
시끄러운 곳에 오래 있다 보면 처음과 달리 어느덧 소리를 듣지 못하는 것과 비슷한 이치다.

사람들은 천체의 소리를 잊은 지 오래지만, 정신을 수양한다면 잠시 들을 수 있을지도…

수를 신봉한 피타고라스는 수의 논리로 다양한 결론들을 내리는데,

'달에는 우리 인간보다 15배 큰 사람들이 살고 있다'는 것도 그중 하나다.

왜 15배라는 수치가 나오나요?

증명했다.

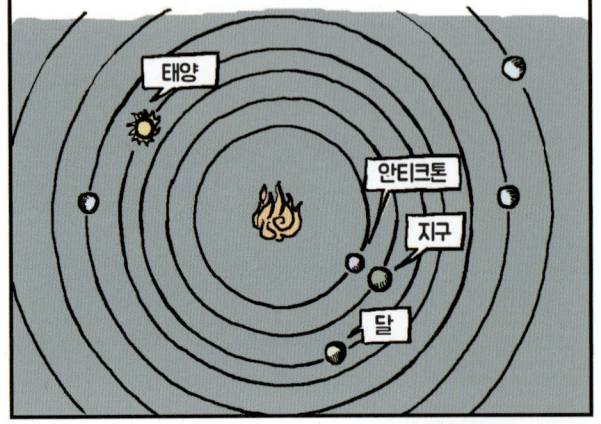

피타고라스의 주장에는 놀라운 것들로 넘쳐난다.

지구를 비롯한 천체들은 구형이다.

아래 위에 땅과 하늘이 있는 세상이 아니라 땅은 하늘로 뒤덮여 있다는 말.

지구가 움직인다.
태양과 행성들은 우주의 중심을 돌고 있다.
그것도 어디에 매달리거나 붙어 있지 않고 허공을 가로질러 돌고 있다.

다른 행성의 지적인 생명체에 대한 언급도 있다.

왜 그런지 잘은 모르겠지만, 이런 주장들의 근거는 역시나 수에 있다고 한다.

우주는 규칙성이 있으며 수로써 그것을 이해할 수 있다는 사상은 그 후 많은 철학자들에게 큰 영향을 끼친다.

"현실세계는 감각이 만들어낸 가짜이며, 그 너머에 영원불멸의 참세계(이데아)가 있다." *플라톤이 한 말이다. 여기에서 참세계는 다름 아닌 기하와 수였다.

가짜세계를 경험하고 사는 사람의 처지를 동굴에서 벽에 비친 그림자를 진짜로 알고 있는 죄수와 비슷한 상황이라고 보았다.

피타고라스 공동체는 그들 생각을 비밀스럽게 간직했으며 추종자들은 피타고라스를 거의 신처럼 모셨는데, 흡사 종교집단처럼 보였을 것이다.

광신도들!

일반 사람들은 그를 위험한 인물로 생각했고, 사태는 점차 심각해져 정치적 동요로까지 이어진다.

결국 피타고라스와 그의 추종자들은 본거지에서 추방당하고 도망다니는 처지가 되었다.

다신 돌아오지 마!

***플라톤**(Plato, BC427~BC347) : 고대 그리스 관념론의 창시자.

기원전 5세기에 ***아낙사고라스**는 하늘 위 천체들이 도대체 무엇으로 만들어져 있는가를 골똘히 생각했고, 과감한 결론을 내린다.

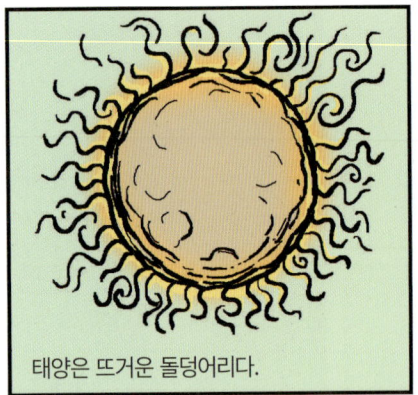

태양은 뜨거운 돌덩어리다.

달은 지구와 다를 바 없는 차가운 돌덩어리다.

충격! 돌, 돌덩어리!!

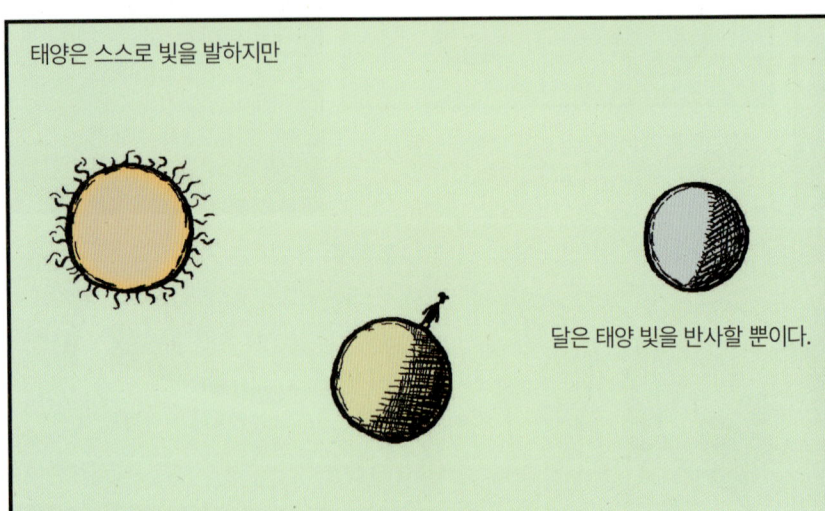

태양은 스스로 빛을 발하지만

달은 태양 빛을 반사할 뿐이다.

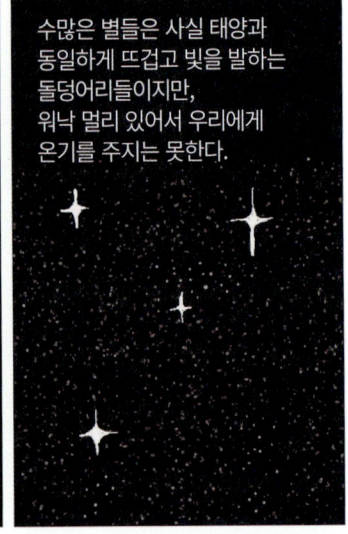

수많은 별들은 사실 태양과 동일하게 뜨겁고 빛을 발하는 돌덩어리들이지만, 워낙 멀리 있어서 우리에게 온기를 주지는 못한다.

2,500년 전에 하늘을 바라보는 것만으로 이런 통찰을 이끌어냈다는 것은 흥미롭고 놀랍다. 당시 이 주장은 아무리 그리스 사회라고 해도 감당하기 어려운 급진적인 것이었다. 신성한 태양을 맥반석으로 취급한 아낙사고라스는 법정에서 신성모독죄에 처해지고 간신히 목숨만 부지했다.

우리 아테네가 이런 곳이었습니까?

정도껏 해야지!!

아낙사고라스가 천체를 암석으로 생각한 것도 놀랍지만, 그가 떠올린 우주가 상상 이상으로 거대하다는 것은 더 놀라운 점이다.

우주가 얼마나 크기에 별이라 불리는 태양과 같은 것들이 우주에 셀 수 없이 널렸으며, 별들은 얼마나 멀리 떨어져 있기에 우리에게 티끌처럼 보인단 말인가.

오빠, 저 별 따주세요~

아낙사고라스의 말에 따르면, 그건 불가능하오….

***아낙사고라스**(Anaxagoras, BC500년경~BC428년경) : 이오니아 출신의 그리스 철학자.

그런데 우주의 거대한 규모를 감히 측정하고자 한 사람이 있었으니, 바로 **아리스타르코스**이다.

천체는 암석이다. (아낙사고라스)

월식이라 불리는 현상, 달이 사라지는 이 현상은 지구의 그림자에 달이 들어가기 때문이다. (피타고라스)

앞선 사람들의 이 같은 생각을 받아들인 아리스타르코스는 이를 기초로 하여 우주의 크기를 가늠하는 일을 시작한다.

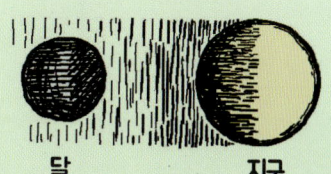

그는 달이 지구의 그림자에 얼마나 오랫동안 숨었다 나오는지 시간을 재서, 달과 지구의 상대적 크기를 추측했다.

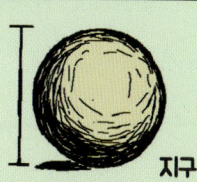

그리고 지구에서 달까지의 거리가 달의 지름의 몇 배인지를 추측했다.

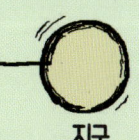

마지막으로 달까지의 거리를 바탕으로 지구와 태양까지의 거리를 추측했다.

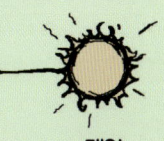

그가 이런 계산을 다 마친 뒤 스스로 '숙명적이다'라고 내린 결론이 있다.

우주의 중심은 태양이다. 그리고 지구와 행성들은 그 주위를 돈다.

(피타고라스는 우주의 중심에 태양이 아닌 거대한 불이 있다고 했지만.)

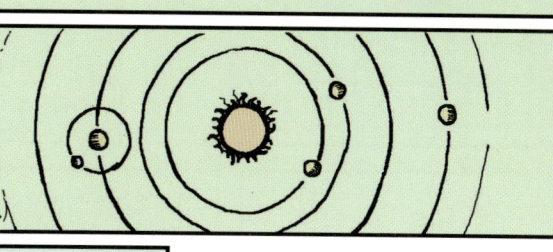

잠시 숨을 고른 뒤, 의문점을 떠올려보자.

도대체 이런 추측이 어떻게 가능한 것일까? 그리고 지구가 태양 주위를 돈다는 결론은 왜 도출되었는가?

의외로 방법 자체는 생각보다 단순했다. 바로 '수'였다.

하지만 아리스타르코스의 측정에는 뭔가 부족함이 있다.

달은 지구에 비해서 얼마나 크다. 달까지의 거리는 달의 몇 배이다. 태양까지의 거리는 달까지의 거리의 몇 배이다.

전부 상대적 비율뿐인 것이다.

이 중에 어떤 수치 하나만이라도 확실히 안다면, 전부를 알 수 있다는 결론이 나온다.

열쇠는 에라토스테네스가 쥐고 있었다.

＊**아리스타르코스**(Aristarchos, BC310년경~BC230년경) : 지동설의 선구자인 그리스 철학자.

기원전 2세기 알렉산드리아 도서관은 지중해에서 아니 전세계적으로도 가장 집약된 지식의 중심지였다.

*에라토스테네스는 그곳에서도 중심인물이었고, 박학다식으로 둘째가라면 서러운 사람이었다.

시작됐어!

달이 사라진다~

지금부터 시간을 재야 해. 달이 완전히 안 보일 때까지의 시간.

예이~

위대한 아리스타르코스, 예견한 날에 정확히 월식이 일어나는군. 너무 정확하잖아…

시간을 재는 이유가 뭔가요?

진짜 궁금해서 묻는 거요?

호기심 어린 사람… 알렉산드리아와 어울리지요. 이리 가까이 오시오, 어서.

반갑수다. 난 에라토스테네스라고 하고, 여기 도서관 사서요.

보아하니 동방에서 오신 듯한데… 어디 출신? 이름이 뭐요?

그리고 눈에 뒤집어쓴 거… 그건 또 뭐요? 하핫, 신기하네.

*에라토스테네스(BC273년경~BC192년경) : 알렉산드리아의 도서관장을 지낸 수학자이자 지리학자.

***시에네**(Syene) : 알렉산드리아로부터 5,000스타디아(1스타디아는 대략 185미터)만큼 떨어진 거의 정남쪽에 위치한 도시.

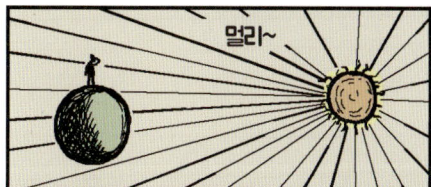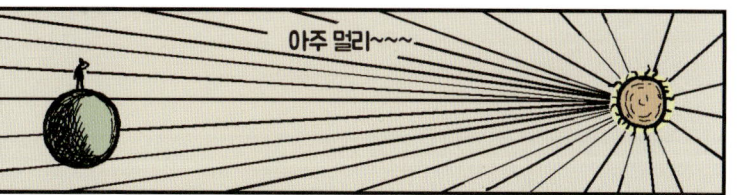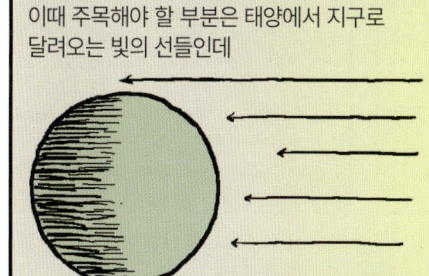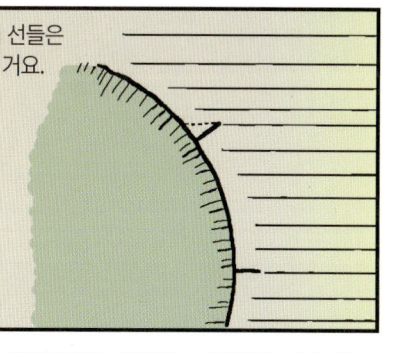

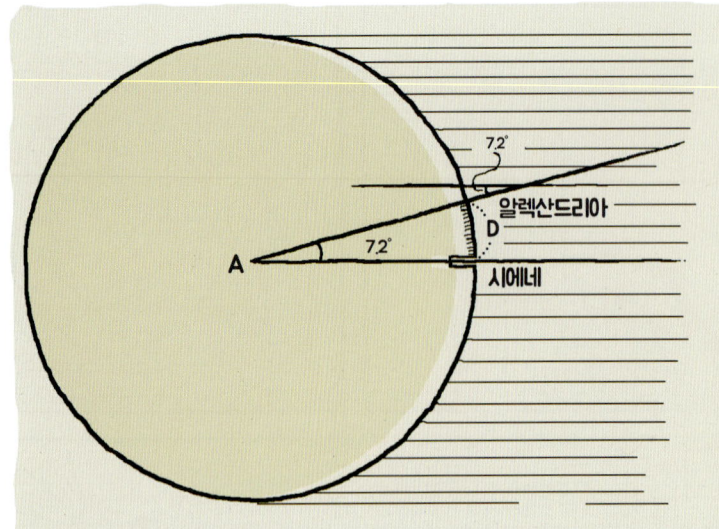

에라토스테네스는 그림자의 길이를 측정하여 각 A가 7.2도라는 것을 알아냈다.

전체 360도에서 7.2도가 차지하는 비율은 전체 지구 둘레에서 거리 D(알렉산드리아로부터 시에네까지의 거리)가 차지하는 비율과 같다.

360 : 7.2 = 전체 지구 둘레 : D

전체 지구 둘레를 잴 수는 없더라도 D를 잰다면 계산을 통해 전체 지구 둘레를 알 수 있다.

이것이 에라토스테네스의 구상이다.

시에네까지의 거리를 측정한 순간 지구 둘레의 길이를 바로 알 수 있게 된 거요.

에라토스테네스가 인정한 대로 그의 측정에는 오차가 있을 수밖에 없었다.

각도 측정 때 발생한 오차,
두 도시에서의 정오의 동시성에 대한 오차,
거리를 측정하는 과정에서의 오차,
시에네가 알렉산드리아의 정확한 정남쪽이 아닌 오차.

이런 오차에도 불구하고 오늘날 지구 둘레 측정치와 10퍼센트 정도 차이밖에 나지 않는다는 것이 놀라울 따름이다.

여기에서 정확성은 전혀 중요하지 않다. 그전에는 지구 둘레가 어느 정도인지 짐작조차 하지 못했으니까.

월식 시간을 측정한 결과 아리스타르코스의 것과 거의 비슷해요. 그 양반 하여간 대단하다니까~ 달은 지구 크기의 4분의 1 정도 되는 것이오. 우리는 지구 크기를 알고 있으니 달 크기도 덩달아 알게 되는 것이고!

내가 재미있는 거 하나 더 보여드리리다.

이렇게 팔을 쭉~ 달을 향해 뻗고

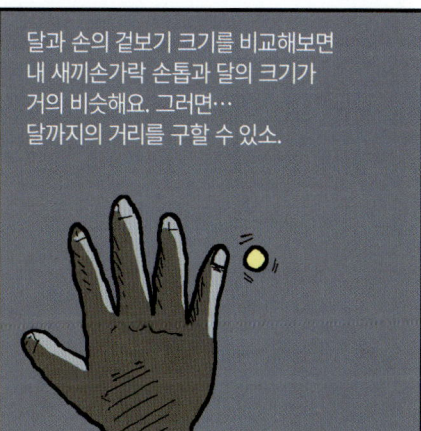
달과 손의 겉보기 크기를 비교해보면 내 새끼손가락 손톱과 달의 크기가 거의 비슷해요. 그러면…
달까지의 거리를 구할 수 있소.

자~ 이쯤에서, 그들에게 놀이와 같았던 우주의 크기를 측정하는 방법에 대해서 정리해보자.
에라토스테네스는 지구의 실제 크기를 알아냈고, 이것은 확실한 기준석을 확보한 것이었다. 그 뒤로는 아리스타르코스의 방식대로 거침없이 따라가면 될 것이다.

지구 / 달의 크기 / 달까지의 거리 / 태양까지의 거리 / 태양의 크기

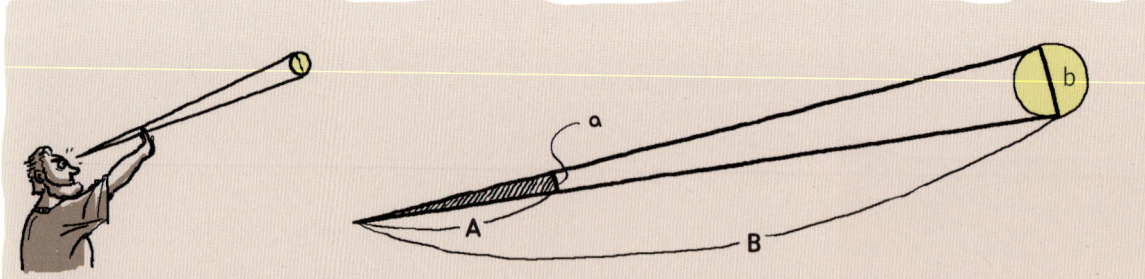

눈과 손톱이 이루는 삼각형, 그리고 눈과 달이 이루는 삼각형은 크기만 다를 뿐 모양은 같은 닮은꼴 삼각형이다.
그래서 팔의 길이(A)와 손톱 길이(a)의 비율은 달까지의 거리(B)와 달의 지름(b)과 같다.

A : a = B : b   100 : 1 = B : b

이때 팔의 길이(A)는 손톱 길이(a)의 100배 정도가 되므로, 달까지의 거리는 달의 지름의 100배이다.
달의 크기가 지구의 4분의 1인 것을 알고, 실제 지구의 크기를 알고 있으므로 달까지의 실제 거리도 알 수 있다.

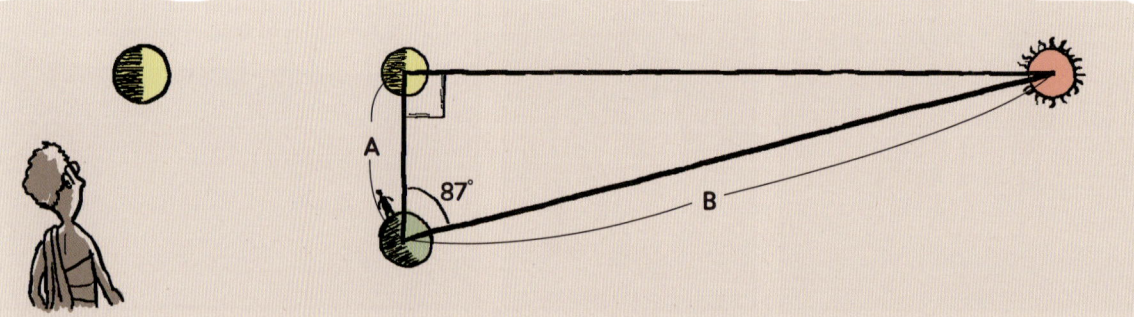

지구에서 달이 정확히 반달로 보일 때 이처럼 태양, 달, 지구를 잇는 거대한 직각삼각형이 그려질 수 있다는 것에 착안했다.
달이 정확히 반달로 보일 때 각 A를 측정한 결과 87도가 나왔다. (물론 오차가 있는데, 다시 말하지만 중요치 않다.)
이들 철학자들에게는 이 정도면 간단한 삼각함수로 달까지의 거리(A)와 태양까지의 거리(B)의 비율은 쉽게 알 수 있었고,
앞 단계를 통해서 이미 달까지의 거리를 알고 있으므로 태양까지의 거리를 계산해낼 수 있다.

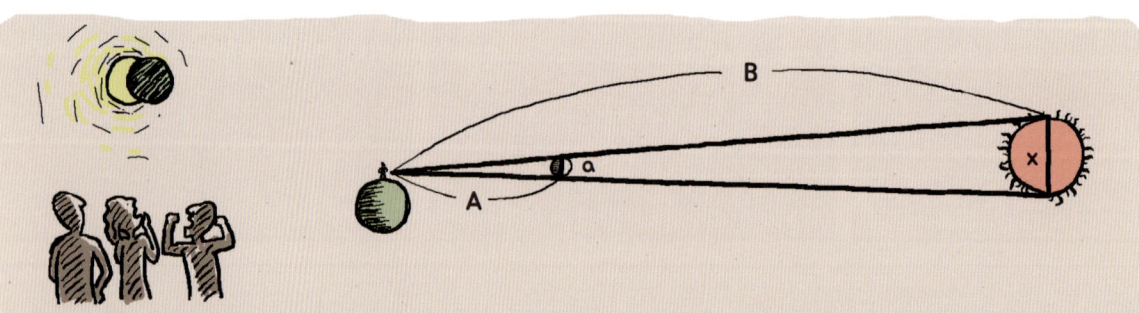

마지막으로 태양의 크기! 이것은 더 쉬운 일이었다.
태양과 달을 보면 겉보기 크기가 거의 비슷한데, 이것은 개기일식(달이 태양을 가리는 현상) 때 확연히 알 수 있다.
그림과 같이 지구, 달, 태양을 일직선으로 배치하면 지구-달로 이어지는 작은 삼각형과 지구-태양으로 이어지는 큰 삼각형,
이렇게 두 개의 닮은 삼각형이 그려진다.
달의 크기(a)와 달까지의 거리(A)를 알고, 바로 앞 단계에서 태양까지의 거리(B)를 알아냈으므로,   A : a = B : x
비율을 계산하면 태양의 크기(X)를 알 수 있다.

우주의 크기를 알기 위해 에라토스테네스와 아리스타르코스가 고민하고 노력한 과정들을 들여다보는 것만으로도, 그들이 어떻게 자연을 바라보았는지, 그 속에서 무엇을 찾으려고 했는지를 여실히 확인할 수 있다.
백 마디 말이 필요 없으며, 이것으로 그들을 이해하기에 충분하다.

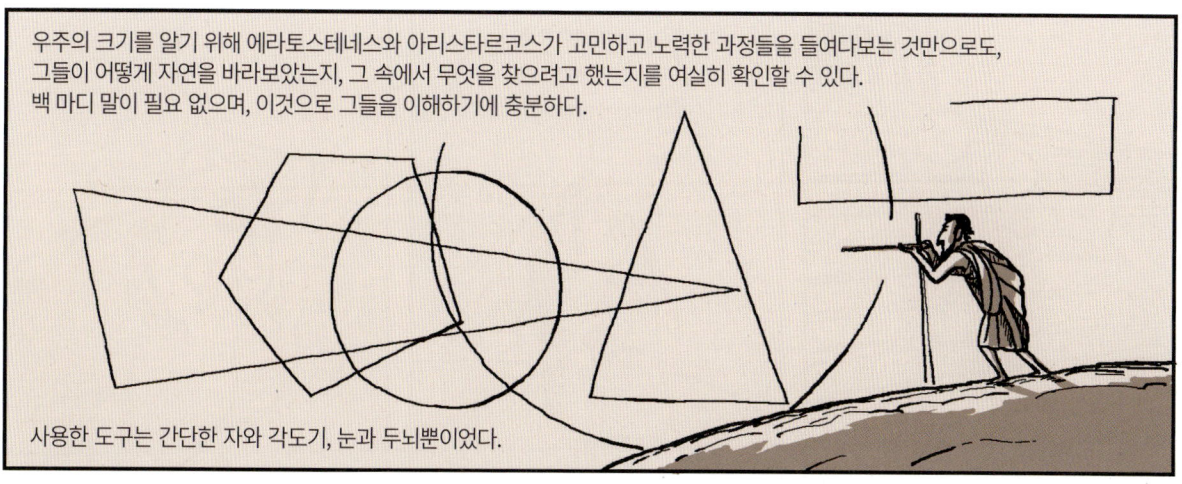

사용한 도구는 간단한 자와 각도기, 눈과 두뇌뿐이었다.

그들 스스로 이 방법이 맞다고 확신한 것은 수에 대한 믿음이 있었기 때문이다.
'1 더하기 1은 2다'라는 것만큼 믿음직스러운 사실이 어디 있느냐는 말이다.

'사람의 감각기관과 상상력이 만들어내는 것은 허상으로 보일 여지가 많으며 믿을 것이 못 된다.'

이것이 그들 생각의 공통점이다.

이렇게 측정하고 계산한 우주는 스스로도 놀랄 만큼 거대함으로 다가왔는데… 달과 태양은 지구에서 너무나 멀리 있었으며, 정말 대단히… 컸다.

태양이 뜨고 진다고 하지 않던가?

그러나 태양의 규모로 보았을 때
오히려… 지구가 태양을 두고 뜨고 진다고 표하는 것이 옳게 느껴진다.

아리스타르코스는 자신이 계산한 우주를 떠올리며 이렇게 생각한다.

태양이 하루에 한 번 지구를 도는 것이 아니다.

지구가 돈다.

태양은 그 자리에 있을 뿐이다.

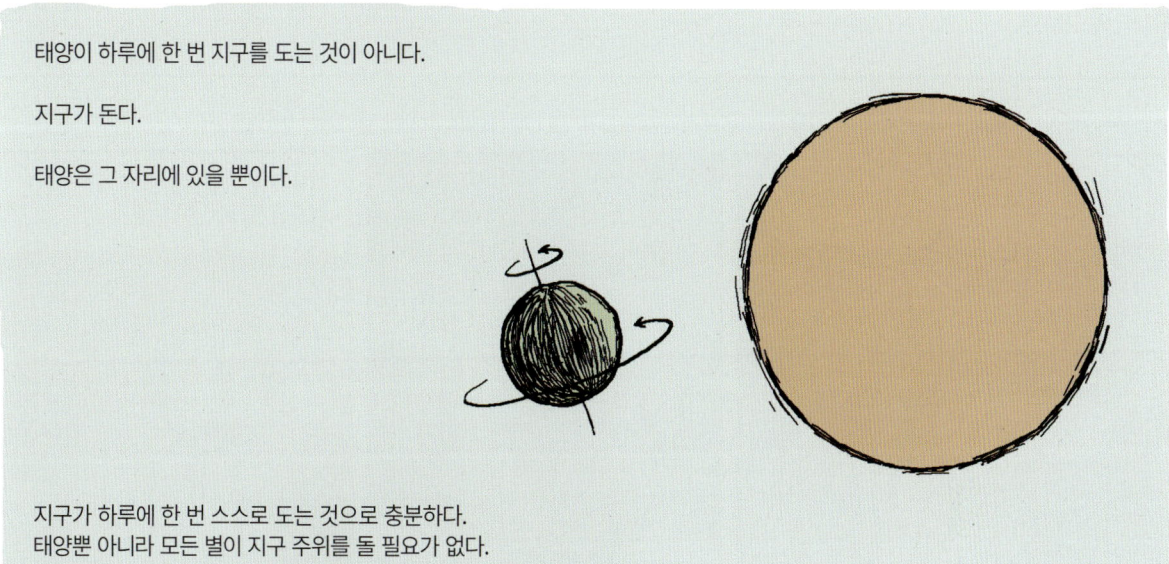

지구가 하루에 한 번 스스로 도는 것으로 충분하다.
태양뿐 아니라 모든 별이 지구 주위를 돌 필요가 없다.

그리고 지구는 하루에 한 번 돌면서,
1년 동안 태양 주위를 큰 원을 그리면서 돈다.

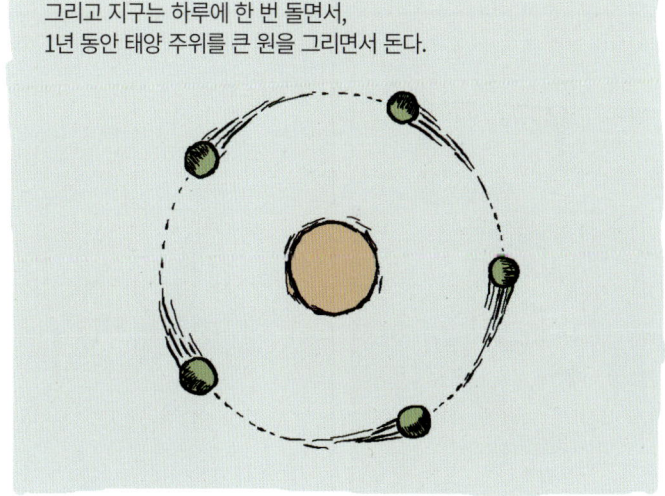

태양은 그 자리에 있다.

지구가 움직인다!

아리스타르코스가 구상한 우주의 모습.

태양이 우주의 중심에 있고,
지구와 행성들은 동등한 입장에서 그 주위를 돈다.

지구 주위를 달이 돌고 있으며,
지구는 하루에 한 번 스스로 회전한다.

이러한 2,300년 전 아리스타르코스의 생각을 오늘날 우리는 너무도 당연하게 여긴다. 하지만 당시에는 어땠을까?

자유로운 생각으로 넘쳐난 그리스 사회였지만,

*연주시차현상(annual parallax) : 지구가 공전할 때 공전궤도상의 위치에 따라 별이 보이는 방향이 달라지는 현상.

천문학자가 말하는 시차현상은
숲길을 걸을 때 나무들을 보면 쉽게 이해할 수 있다.
걸음을 옮길 때마다 가까운 쪽의 나무와 먼 쪽의 나무들은 겉보기 위치가
시시각각 달라지는데, 이것이 시차현상이다.

공간에 흩어져 있는 물체들과 관측자와의 거리 차이로 인해서 나타나는 현상이며, 지구가 태양 주위를 돈다면 시간에 따라 시차현상이 나타나야 마땅하다고 말하고 있는 것이다.

하지만 밤하늘의 별을 보면 시차현상은 전혀 찾아볼 수 없다.
언제 보아도 판에 박은 듯 서로의 위치가 한결같다.
이 때문에 옛사람들은 거대한 *천구를 떠올렸고,
그 안쪽에 별들이 박혀 있다고 믿었다.

그 이유를 설명하겠소. 간단하오. 별들이 전부 다 아주 멀리 있기 때문이오.

멀리 있는 나무들끼리는 시차현상이 두드러지지 않는 것처럼!

똑같아.

얼마나 멀리 있기에…

무리예요.

선생님의 계산대로라면 지구는 굉장히 먼 거리를 움직이지요. 그런데도 시차현상이 없다고요?

제 생각에는 무엇보다 이것이 큰 문제인 것 같습니다.

＊**천구**(celestial sphere) : 고대인들이 실재한다고 믿었던 천구는 천체가 그 위에 고정되어 있으며 지구의 주위를 돈다고 생각했다.

과학의 역사를 돌이켜보면 분명히 '느낌'이라는 것이 맞는 경우가 번번이 있었다.
하지만 그것은 후대에 증명되었을 때 조명되는 것이고, 증거가 없는 당시에는 공상에 불과할 수밖에 없다.

하지만 우리 일반인들은 근거 없는 직감을 신봉하는 경우가 이상하게 많다.

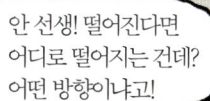

그리스 철학자들의 우주관은 사람들마다 차이가 있긴 하지만

그전의 고대인들의 생각과는 확실히 구별되는 모양을 지녔다. 그들은 우주공간이 생각보다 훨씬 넓으며 그 안에 구형의 천체들이 떠 있는 형상을 지녔다고 보았다.

우리는 여기에 달라붙어 산다.

이 우주관은 천체들의 움직임을 예측케 하는 수학적 체계까지 갖추었기에 찬사받아 마땅하지만,

동시에 꽤나 이상하고 이해하기 어려운 부분도 가지고 있었다. 생각할수록 그 심각성은 더 커진다.

이상하다는 '그것'을 우리는 아리스타르코스를 불편하게 했던 그 논쟁에서 살펴보았다.

지구를 포함한 모든 천체들은 허공에 떠 있다.

어떻게?

지구 자체만 봐도 이상하다.

물체들은 둥근 지구 아래로 흘러서 떨어지지 않는 듯한데

왜?

구형의 지구에서 미끄러져 떨어지지 않는 점에 관해서는 사고의 진전이 있었다.

워낙 지구가 커서 미처 떨어질 곳까지 가보지 못했기 때문이라는 초창기 설명도 있었지만,

떨어지는 방향이 위아래가 아니라 '바깥에서 안쪽으로의 방향'이라는 생각을 하게 된 것이다.

지구가 너무나 커서 그동안 사람들은 위에서 아래로 떨어진다는 인식만을 가져왔다.

이 같은 인식의 변화에도 불구하고 마음속의 불편함은 쉽게 사라지지 않는다.

어쨌든 밖에서 안으로 떨어진다는 것을 믿게 되면서⋯ 또 다른 것이 보이기 시작한다.

마치 자석처럼 끌어당기는 현상과 흡사해 보이기도 하고,

'힘'이라고 표현해야 할까⋯.
무엇인지 규정하기 어렵지만,

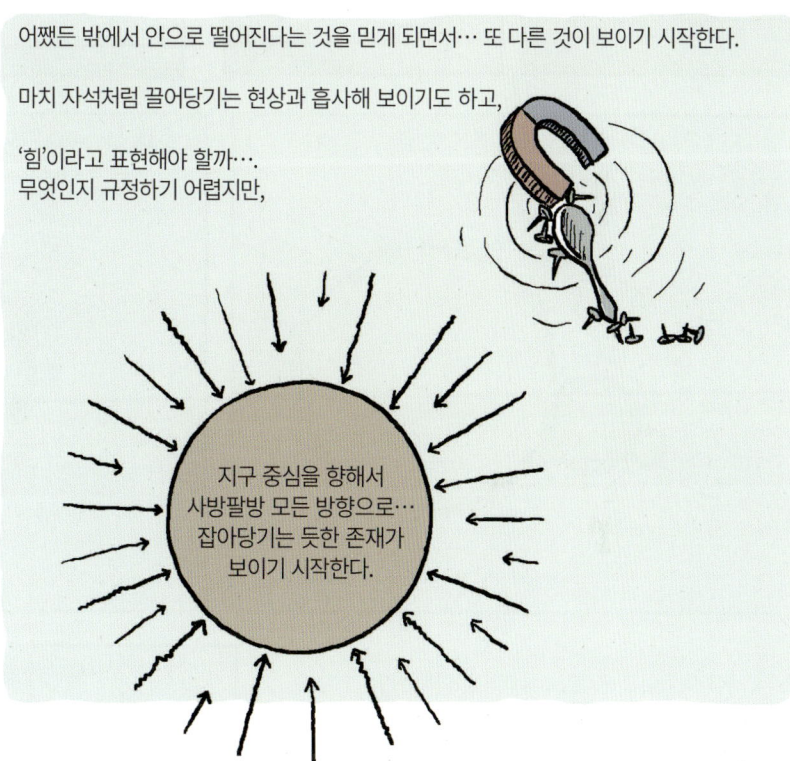

의문은 끝도 없이 이어진다.

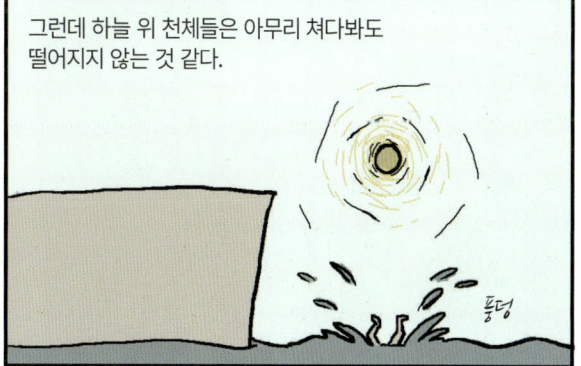

그리스 철학자 중 어떤 이는 천체들을 암석으로 표현하지 않았던가. 왜 같은 암석이 지구 위에 있으면 떨어지고 하늘에서는 떨어지지 않는단 말인가.

사실은 천체들이 떨어지고 있는 중이지만, 너무나 멀리 있어서 지표면에 닿기까지 시간이 무척이나 오래 걸리고 있는 것일까?

철학자들의 측정과 계산에 따르면 달과 태양은 각각 지구의 4분의 1, 100배 크기나 되는데, 이들이 떨어지고 있고 결국에는 떨어진다면?

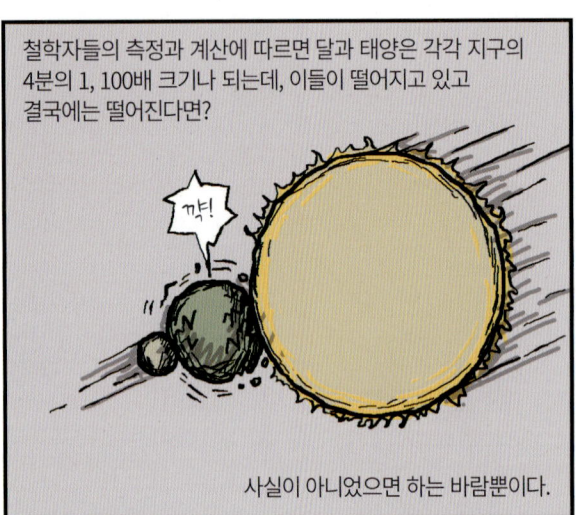

그게 아니라면, 지구와 태양의 덩치 차이를 고려했을 때, 혹시 지구가 태양을 향해 떨어지고 있는 것은 아닐까?

도무지 뒤죽박죽이고 생각할수록 머리만 아파온다.

단순하게 생각해서 지구를 기준으로 하늘의 어디까지가 떨어지는 영역이고, 그 너머는 떨어짐이 없는 곳일까?

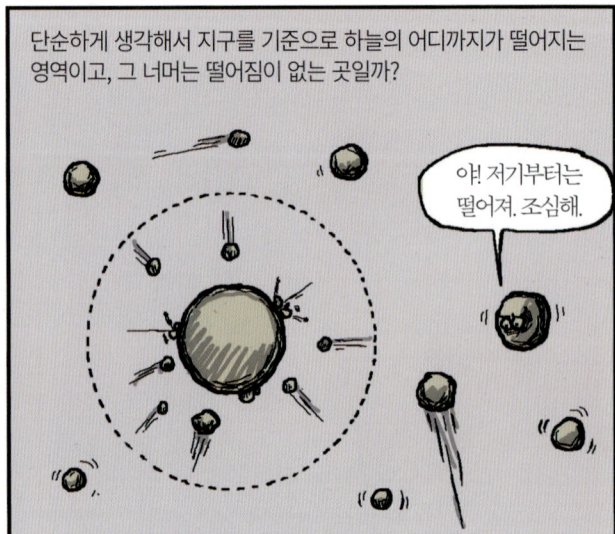

또 무엇이 있을까?

영원히 움직이고 있는 것 같은 천체들. 그 원동력은 무엇인가?

물론 예전부터 신비롭게 보였던 변치 않고 영원한 천체들의 움직임에 자연스레 신의 존재를 투영했지만,

날개 달린 천사와 작별을 고한 그리스 철학자들은 더 이상 그럴 수도 없었다.

마지막으로 지구가 움직인다는 주장. 물론 한 치의 미동도 없는 지표면을 보자면 믿기 힘들고 대다수 학자들에게 비판을 받았지만, 우리는 이것 또한 의문 리스트에 올려보기로 하자.

이쯤 되면 우주공간에 떠 있는 둥글고 거대한 천체 따위는 그냥 잊어버리고, 다시 예전의 위아래 우주로 생각을 돌려버리는 것이 속 편할 수도 있겠다.

고민 없던 시절~

하지만 그것은 불가능이다.
봄날은 갔다. 다시 돌아오지 않는 무지의 봄날…. 돌아가기에는 너무 멀리 왔다고나 할까.

이제 산책은 여기서 그만할까? 계속 가다가는 지구 끝까지 가겠구나.

엄마…

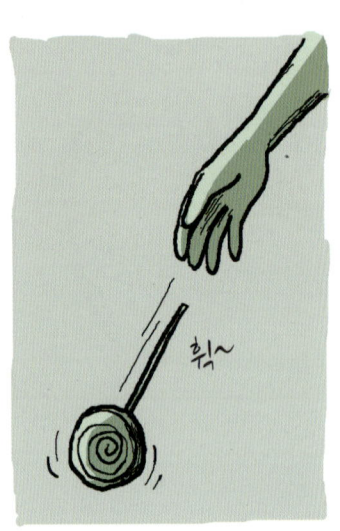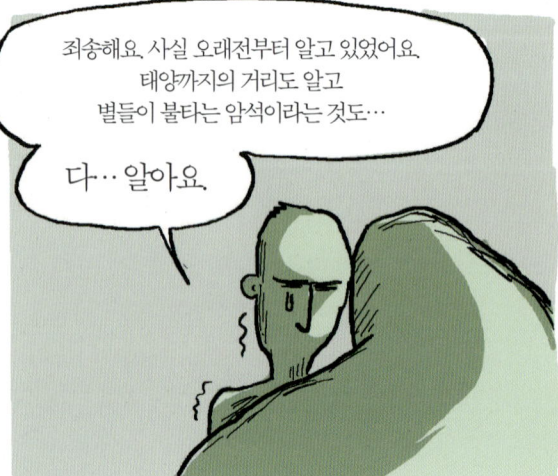

그리스 철학자들의 우주관은 우리에게 새로운 과제를 던져준 셈이다.
예전의 '위아래' 세상에서는 부각되지 않았던 것이,
새로운 세계관의 세상에서는 확실히 뭔가 이상하고 풀어야만 할 것 같은 의문들을 불거져나오게 한다.

그다음 문제가 자연스럽게 부각되었는데, 왜 우주는 그러한 모습이어야만 했으며,
무슨 이유로 천체들이 움직이며 지구의 물체들은 왜 낙하하느냐는 것이다.

우주의 생김새, 우주공간의 움직임…
그것이 가능하도록 하는 원리가 있을 것이다.

제대로 된 근본원리!

GRAVITY EXPRESS CHAPTER 03

자기 위치로 떨어진다
질서 정연한 우주

무거운 물체들이나 지구의 부분들이 드러내는 낙하운동이 어떤 능력이 있기에 중심을 향하는지 궁금할 것이다.
불과 같이 가벼운 물체들은 무거운 물체의 운동과 반대되는 운동을 하며,
그 중심을 둘러싸는 지역의 가장자리까지 운동한다는 점을 볼 때,
무거운 물체들은 우주의 중심을 향해 움직이는 것이 분명해 보인다.
그래서 지구의 중심과 우주의 중심은 같은 지점이다.
– 아리스토텔레스

광활한 공간에 떠 있는 구형의 지구와 천체들, 우아하게 원을 그리는 해와 달, 그에 반해 가까이 있는 지상에서는 모든 물체가 지구 아래로 떨어진다. 아니 지구 중심 방향으로 향한다. 우주가 이러하다면 왜 그런지에 대한 논리가 필요하다. 문제를 어렵게 하는 주범은 물체가 낙하하는 자명한 현상이었다. 이때 그리스의 걸출한 학자가 문제를 풀어내는데, 풀이의 활로를 물체 자체에서 찾았다.

그리스의 우주관을 떠받치는 근본원리를 밝힌다.
이 주제에 대해서 충분히 A⁺를 딸 수 있는 과제를 제출한 사람은
고대의 지성 중에서도 빼놓을 수 없는 사람,

아리스토텔레스는 생물, 물리, 우주, 물질, 인간사… 등등 우리가 아는 거의 모든 분야에 걸쳐 방대한 이론을 정립했다. 한마디로 그의 사상을 말하자면 **체계**와 **질서**라고 할 수 있으며, 연구한 모든 분야에서 이런 특징은 두드러진다.

우주론도 마찬가지 맥락이었다. 이 세상의 모든 물체는 무게를 가지며 바닥을 향해 수직으로 낙하한다는 자명한 자연현상은 지구가 우주의 중심이라는 데에 더할 나위 없는 논리적 근거였다.

*__아리스토텔레스__(Aristoteles, BC384~BC322) : 고대 그리스의 철학자. 학문 전반에 걸친 방대한 연구를 한 백과사전식 학자.　**__알렉산더 대왕__(Alexandros the Great, BC356~BC323) : 마케도니아의 왕으로서 그리스, 페르시아, 인도에 이르는 대제국을 건설하여 새로운 헬레니즘 문화를 이룩했다.

사방을 둘러보고 제아무리 귀를 쫑긋 세우더라도 인간을 포함한 지상의 모든 것들이 지구 밖 어딘가에 있을 우주의 중심으로 떨어지고 있다는 느낌은 전혀 느낄 수 없다.

하늘의 천체들은 절대 우리와 가까워지지 않는 원운동을 하는 반면,

지상의 물체들은 바닥을 향해 어김없이 수직으로 낙하한다.

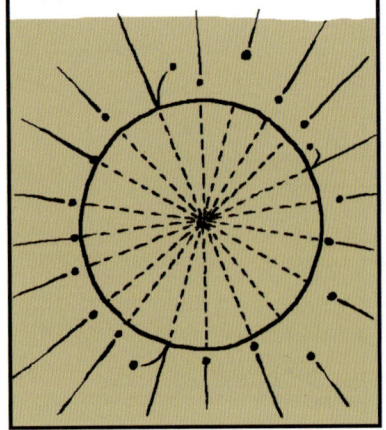
구형에서 가장 조화로운 직선은 반지름이다. 물체는 반지름과 일치하는 궤적으로 낙하한다.

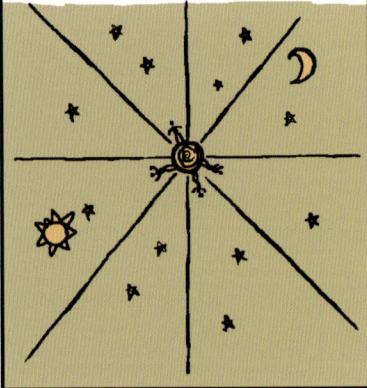
결론은 분명해 보인다.

지구는 우주의 중심에 있으며, 지구의 중심이 우주의 중심이다.

아리스토텔레스는 지구 중심 우주론을 지탱하는 설명이 이 정도로 충분하다고 생각지 않았다.

아무렴. 아리스토텔레스인데….

대충하는 법이 없어요.

희한한 양반이오~

낙하현상이 그의 우주론의 핵심이다.

그런데 낙하의 이유를 떨어지는 물체 자체에서 찾는다. 이것은 매우 독창적인 접근이었다.

만져지고 냄새가 나며 보이는 세상의 모든 사물은 무엇으로 이루어져 있을까?

다양한 물체들은 저마다 다른 생김새를 가졌다.

그런데 이들을 부수고 쪼개고 으깬다면 어떨까?
비슷해 보이는 작은 알갱이 상태의 물체들을
구별할 잣대가 있을까?

물체들을 작고 더 작게 더 이상 나뉠 수 없을 때까지 쪼개면 무엇이 남을까? 그 작은 알갱이들은 서로 구별이 될까?

*엠페도클레스는 더 이상 분리될 수 없는 4가지 근본원소를 불, 공기, 물, 흙이라고 보았다.

플라톤은 이 아이디어를 계승하여 자신만의 방식으로 다시 정리한다. 그는 당대에 알려진 5종의 정다면체를 하나씩 근본원소와 상응시키고, 다섯 번째 정다면체는 우주와 대응시켰다.

정십이면체(우주)
정사면체(불) 정팔면체(공기)
정이십면체(물) 정육면체(흙)

플라톤은 원소들 간의 변성, 즉 물이 수증기가 되기도 하고 얼음이 되기도 하는 현상 등을 기하학적으로 설명한다.

예를 들어서 그의 기막힌 설명을 감상해보자.

7개의 공기입자, 1개의 불입자는 각각 낱개의 정삼각형으로 분해되어 1개의 물입자가 된다.

정팔면체(공기) 정삼각형 16개
정사면체(불) 정삼각형 4개 정이십면체(물)

플라톤은 수사모(수를 사랑하는 모임)의 당당한 회원이 되기에 충분하다.

그의 이야기를 들어보면, 근본원소를 물질로 본 것이 아니라 진정 수라고 보았던 것 같다. 삼라만상은 근본적으로 수 그 자체다.

(이 대목은 오늘날의 현대 물리학에서 말하는 것과 아주 흡사하다.)

자네가 좀 아는군.

*엠페도클레스(Empedocles, BC490년경~BC430년경) : 시칠리아섬에서 활동한 철학자.

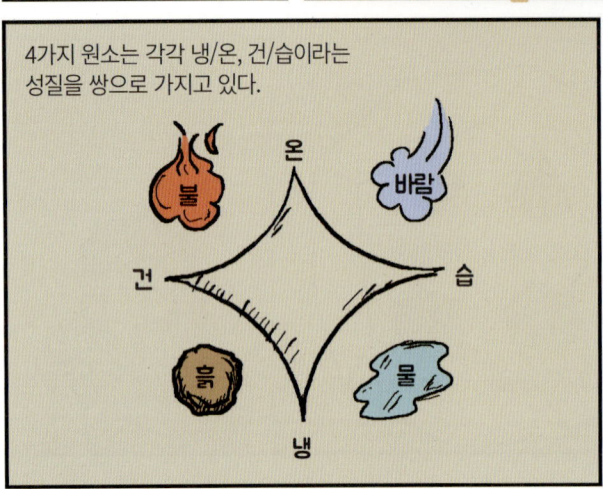

성격이 급하구먼.
지금 그 얘기를 하고 있는 중이네.
다~ 연결되어 있지.

4가지 원소는 각각 **본연의 자기 자리**가 있네.

말이 마구간으로 가려는 것처럼

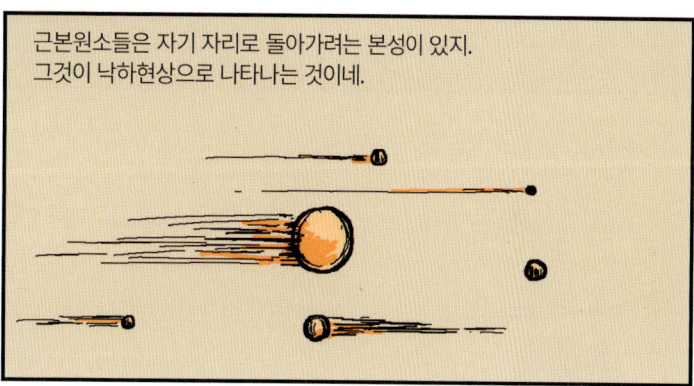

근본원소들은 자기 자리로 돌아가려는 본성이 있지.
그것이 낙하현상으로 나타나는 것이네.

아리스토텔레스가 말한 근본원소들의 자기 자리는 다음과 같다.
아래 그림에서 원들의 중심은 우주의 중심이다.

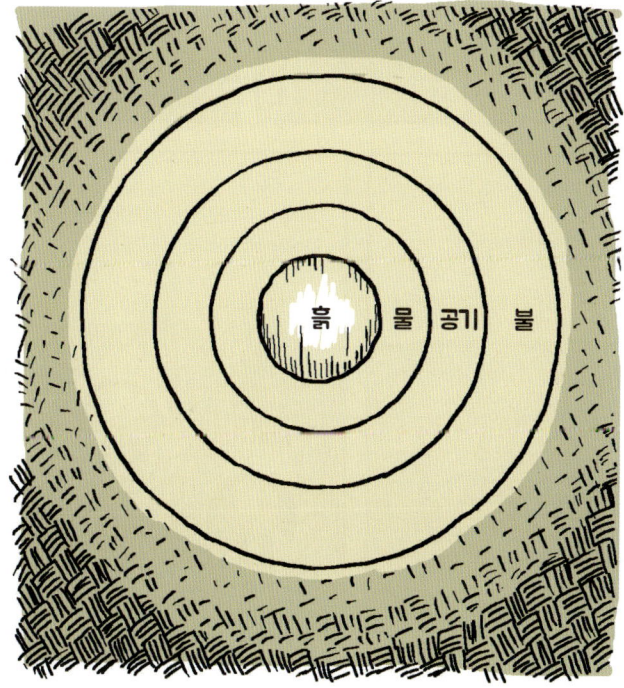

비단 아래로 떨어지는 낙하현상뿐만이 아니다.
불이 위로 솟구치는 것과 같이 상승현상 또한 자기 자리로
가려는 원소의 본성으로 설명된다.

뼛속까지 자기 위치로 돌아가려는 회귀 본능.
이것은 모든 원소가 예외 없이 가지고 있는 본성이며
'중력'이라는 현상으로 나타난다.

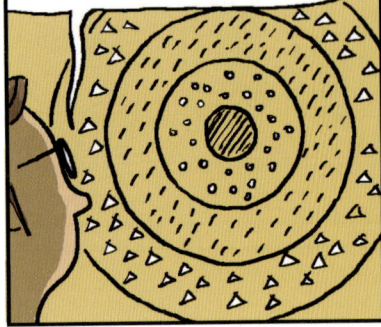

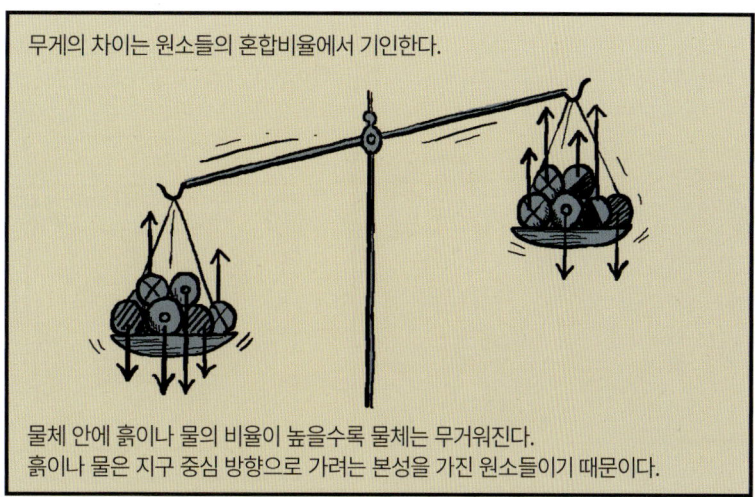
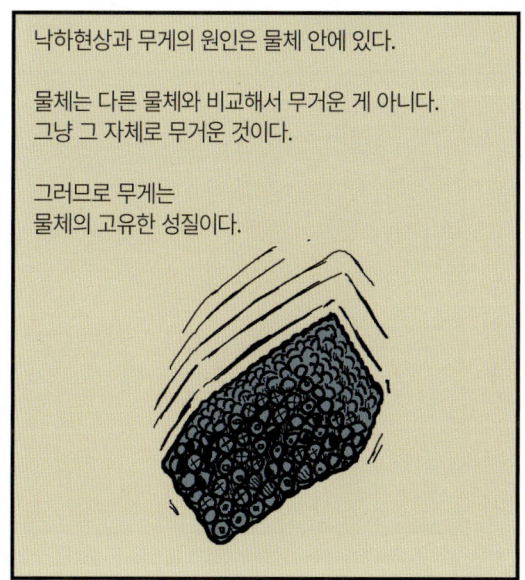

여기서 '절대적이다', '상대적이다'라는 개념의 차이를 짚고 넘어가야 할 것 같다. 둘의 차이를 아는 것이 이 책의 주제를 이해하는 데 중요한 요소이기 때문이다. 자연현상에서 어떤 것을 절대적인 것에서 상대적인 것으로 또는 상대적인 것에서 절대적인 것으로, 인식의 전환이 일어났을 때 그야말로 우주는 완전히 달라졌다.

유전적으로 남자 구성원의 키가 작게 고만고만한 한 집안이 있다고 해보자. 집안 남자들이 함께 찍은 사진만 봐서는 그들의 키가 큰지 작은지 알 수 없다.

만약 이들이 유전적으로 키가 큰 남자들이 있는 집안과 사돈을 맺으며 결혼식장에서 기념사진을 찍게 된다면 어떨까?
이 광경에서 우리는 '상대적이다'라는 의미를 알 수 있다.

물속에서 가라앉고 있는, 즉 낙하하고 있는 돌멩이의 상황을 절대적 또는 상대적 관점에서 각각 살펴보자.

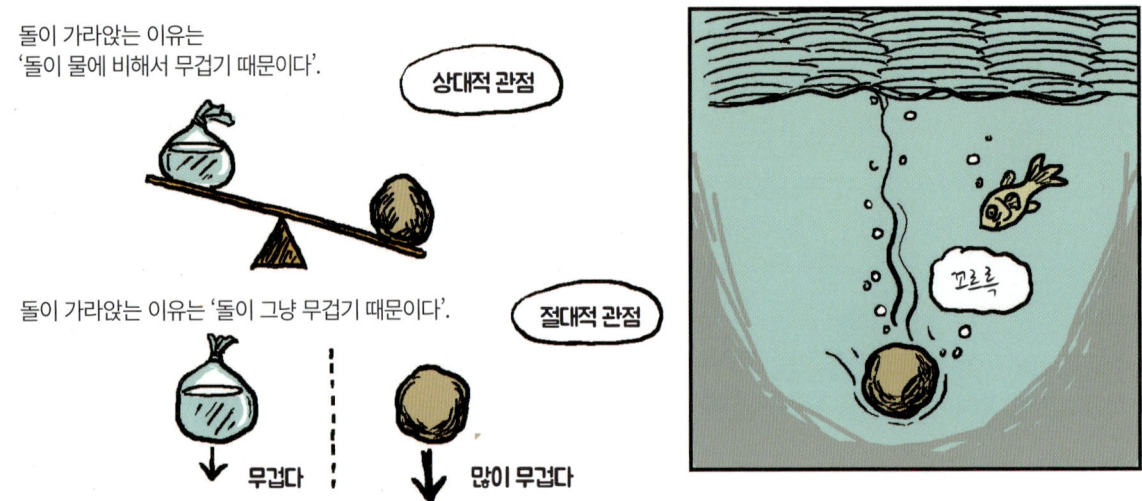

물과 돌의 관계는 논할 필요가 없으며 돌멩이와 물은 각각 우주 속에서 자신의 절대위치를 찾아가려는 것뿐이다. 이것이 바로 아리스토텔레스가 낙하를 바라보는 방식이다.

여러분이 그리스 철학자라고 생각하고, 아리스토텔레스가 그랬던 것처럼, 세상의 모든 움직임을 중복되지 않게 분류해보면 좋겠다.

그것이 말처럼 쉽지는 않다.
움직이면 움직이는 것이지, 어떻게 다른지, 어떤 기준으로 분류한단 말인가.

아리스토텔레스는 분류의 틀을 움직임의 원인이 무엇인가로 삼았다.

그는 먼저 운동을 분류하기 전에 '모든 운동에는 반드시 **작용 원인**이 있다'는 것을 가장 근본적인 전제로 두었다.

원인 없이 움직이는 것은 있을 수 없다고 본 것이다.

운동은 생물의 운동과 무생물의 운동, 크게 두 가지로 분류할 수 있다.

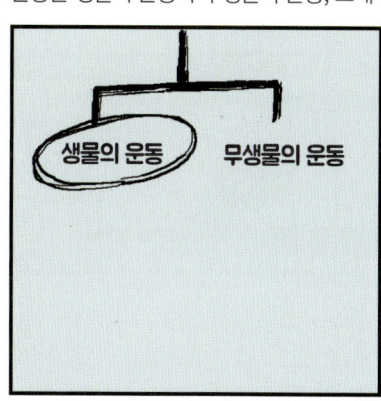

생물은 무생물과 구별되는 특별함이 있다. 마치 스스로 움직이는 듯한데….
아리스토텔레스는 기본 전제에서 '원인이 없는 운동은 없다'라고 했으므로, 생물의 운동에서 작용 원인은 '영혼'이라고 보았다.

무생물의 운동은 '자연운동'과 '강제운동' 두 가지로 다시 분류된다.

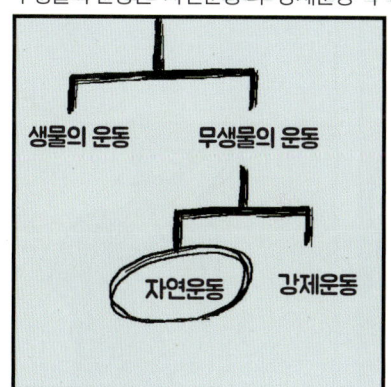

우리의 관심사인 '**낙하운동**'은 자연운동에 속한다. 작용 원인은 '근본원소가 절대위치로 향하는 자연본성'이다. 떨어지는 빗물, 물에서 가라앉는 돌, 하늘로 올라가는 불타는 재 등의 운동이 자연운동에 포함된다.

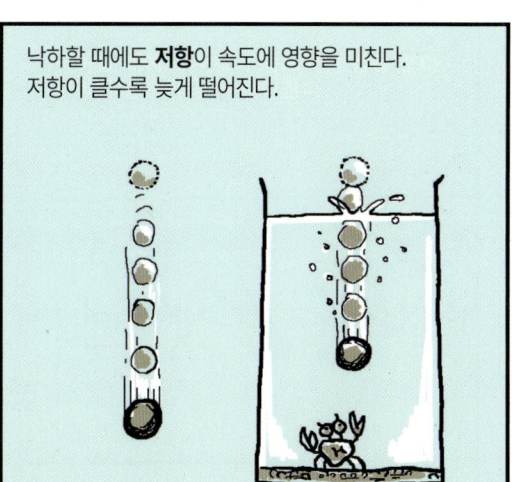
낙하할 때에도 **저항**이 속도에 영향을 미친다. 저항이 클수록 늦게 떨어진다.

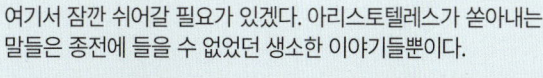
여기서 잠깐 쉬어갈 필요가 있겠다. 아리스토텔레스가 쏟아내는 말들은 종전에 들을 수 없었던 생소한 이야기들뿐이다.

후덜덜… 이 맛은 대체 뭐냐!!

물체의 운동을 논한 것도 낯설지만, 나아가 그것을 분류했으며, 물체가 움직이는 데 속도와 힘의 크기, 저항들의 관계와 같은 물리적 연관성을 말하고 있다. 물리학의 탄생이라고나 할까.

그렇다면 그의 말에 허점은 없을까? 먼저, 무거운 물체가 빨리 떨어진다는 말.

무게 차이가 분명 있음에도 불구하고 거의 동시에 떨어지는 것으로 보이는데요?

이상하게 보일 테지… 하하.

그렇게 보이는 이유는 공기저항 때문이네. 공기저항이 무거운 것이나 가벼운 것이나 비슷하게 떨어지는 효과를 유발하는 거지.

만일 공기가 없다면 무거운 것이 빨리 떨어질 거야.

무거울수록 저항도 크게 받는다는 말씀이군요?

그렇지.

아리스토텔레스의 이런 해석에 혼란스러움이 있긴 하다. 피사의 사탑에 오른 ***갈릴레이**의 낙하실험에서도 저항은 중요한 요소이지만 갈릴레이는 전혀 다른 방식으로 해석했다.

*__갈릴레오 갈릴레이__(Galileo Galilei, 1564~1642) : 이탈리아 피렌체 출신의 과학자. 근대 과학 방법론의 토대를 닦았다.

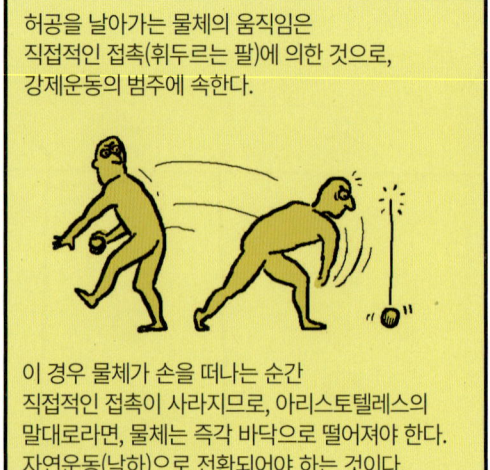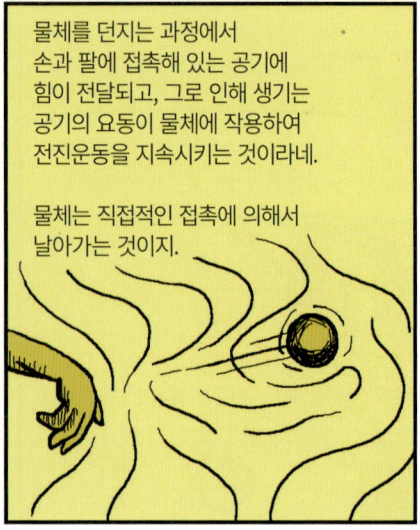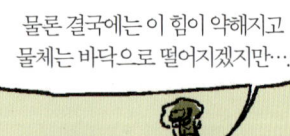

수정구는 투명하다. 그래서 바깥쪽 천체들을 가리지 않는다.
수정구들 사이는 에테르로 꽉 차 있으며, 전 우주에 빈틈이 존재하지 않는다.

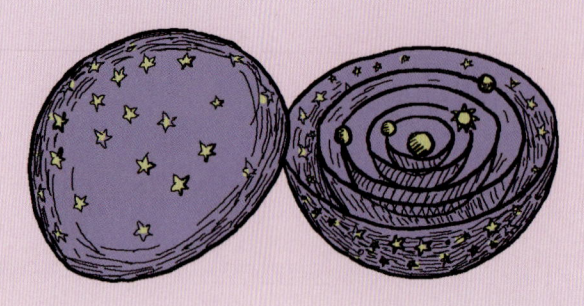

뭔가로 채워져 있겠지?
아무것도 없는데…
그걸 있다고 할 수는 없으니까…

천체들의 운동은 유일하게 작용 원인이 없는 운동이군요.

아니! 원인 없는 운동은 없다고 몇 번을 말해.

천체의 회전운동에도 작용 원인은 예외 없이 존재해야 한다는 것이 아리스토텔레스의 생각이었다.

천체를 회전시키는 작용 원인은 다름 아닌 '신'이라고 그는 말한다.
마차를 끌고 날개를 퍼덕거리는 신이 아니다.

허… 그렇다고 이런 신도 아니오. 그림이 맘에 안 드는데…

아무 공간을 차지하지 않는 존재,
우리의 감각으로 지각할 수 없는 존재,
천체를 회전시키는 존재.

이것이 아리스토텔레스의 신이다.

이 그림도 싫어!

잠시 쉬었다 갈까?

아리스타르코스를 알고 있지?

아리스토텔레스의 예상과는 달리, 그의 섬세한 이론은 후대에 지대한 영향을 미치며 오랫동안 이어진다.
숨 가쁘게 진행된 그의 말들 가운데, 낙하현상을 주목해 정리해보자.

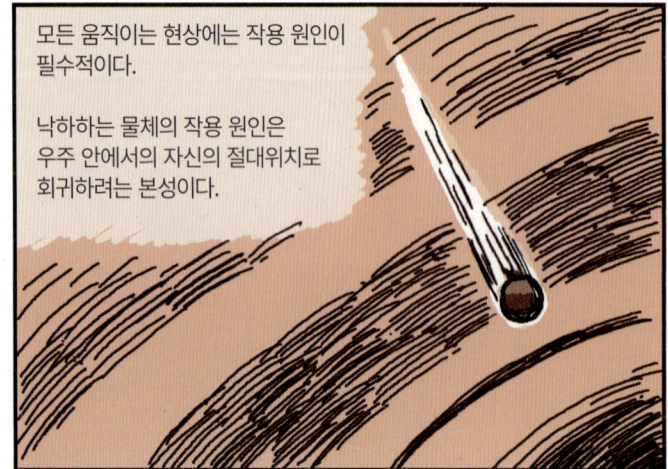
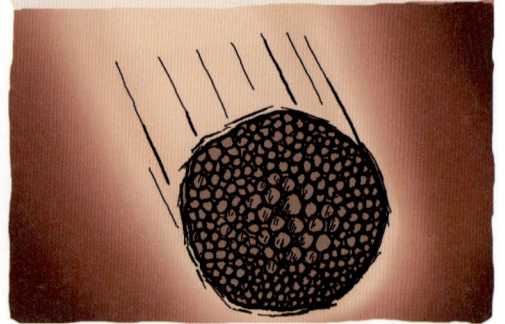

물체 자체에 낙하의 원인이 있기 때문에 무거움과 가벼움을 논하는 데 있어서 '어떤 것보다 무겁다'라는 상대적 관점은 필요 없다.

'무거운 것은 무조건 무거운 것이고, 가벼운 것은 그냥 가벼운 것이다'라는 무게에 대한 절대적 개념을 기억하자.

여기서 아리스토텔레스의 공간에 대한 인식도 찾을 수 있다. 그에게 우주공간은 잘 짜인 좌표였다.

다음은 '저항'에 대한 일깨움이다. 운동하는 물체와 저항의 관계에 대해 언급했는데,

흥미로운 점은, 공기가 저항으로써 작용하여 물체의 속도를 줄여주는 역할을 하는 경우가 있고,

투척된 물체의 운동에서 보이듯, 공기가 물체의 속도를 지속시키는 촉진제 역할도 하고 있다는 점이다.

또 하나 '영원함'에 대한 정의. 이 부분은 매우 중요하다.
물체의 운동에 항상 작용 원인을 전제했다는 것을 봐도 아리스토텔레스에게 영원함이란 딱 '정지'해 있는 것을 의미했다.

영원히 움직이는 것은 없다.

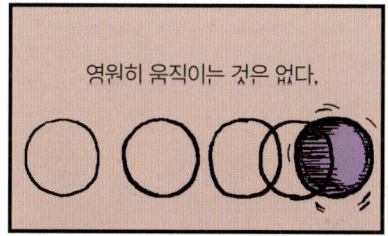

멈춘 것만이 영원하다.

낙하하는 물체도 절대적인 자기위치를 찾아가면 거기에서 멈춘다.

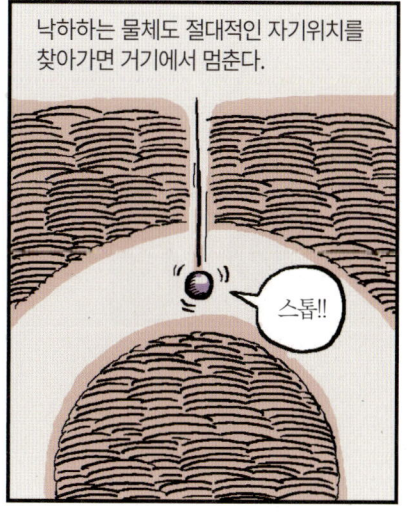

영원히 움직일 것만 같은 천체들도 신이라는 작용 원인이 밀어주고 있기 때문이다. 신이 없다면?
멈춰 있어야 마땅하다.

마지막으로, 아리스토텔레스는
천상의 세계와 지상의 세계를 엄격히 분리했다.

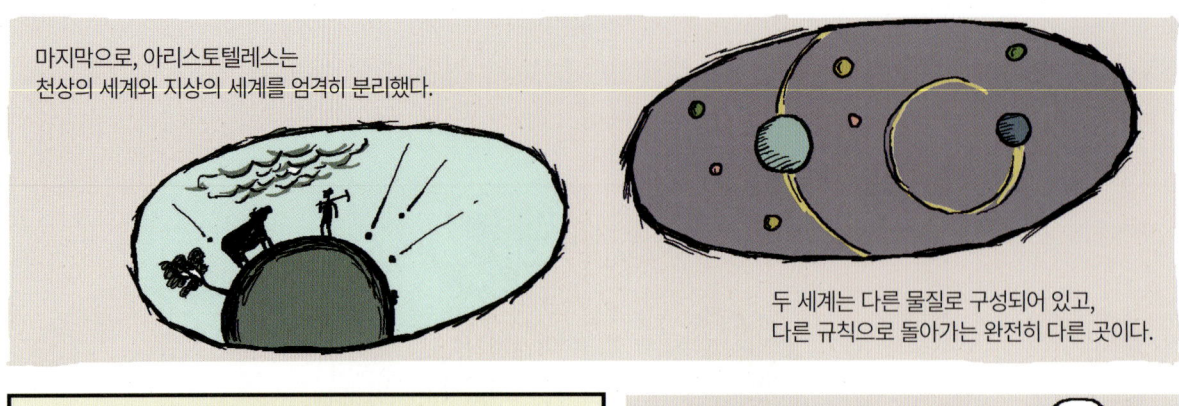

두 세계는 다른 물질로 구성되어 있고,
다른 규칙으로 돌아가는 완전히 다른 곳이다.

아리스토텔레스의 이론들은 기존 사람들의 경험에 잘 부합하고
제법 체계적이었기에 오랫동안 교육의 정석으로 남는다.

심하게 오랫동안…

그것도 월드와이드하게~

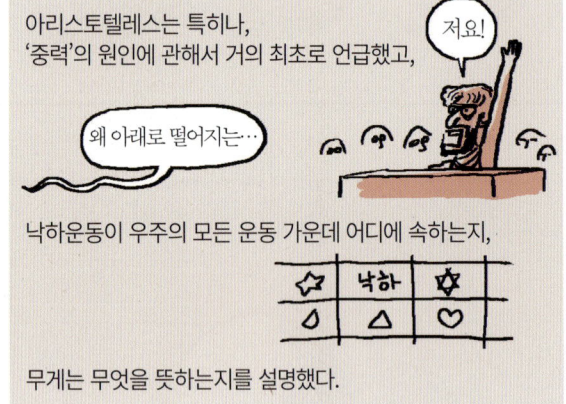

아리스토텔레스는 특히나,
'중력'의 원인에 관해서 거의 최초로 언급했고,

저요!

왜 아래로 떨어지는…

낙하운동이 우주의 모든 운동 가운데 어디에 속하는지,

무게는 무엇을 뜻하는지를 설명했다.

그는 한마디로 체계와 분류의 달인이었다. 여간해서는 반론이 나올 수 없을 정도로 일리가 있고 그럴싸했으며 논리적이기까지 했다. 인류가 아리스토텔레스의 생각에서 벗어나는 데 그토록 오랜 시간이 걸린 것만 보아도 그 논리의 완성도를 짐작해봄 직하다.

하지만 그의 이론에 대한 의문점도 곳곳에 숨겨져 있었다.
우리가 앞으로 함께할 이야기는 아리스토텔레스의 이론이 '이런 까닭에 틀리다'라는 트집에서 시작된다고 해도 과언이 아니다.
반론이 결코 쉬운 일은 아니었지만, 전체를 아우르는 더 나은 설명이 있어야 했기 때문이다.

불현듯 이런 말이 떠오른다.
지식을 잘 전달하는 선생님보다 한 수 위의 선생님이 있다.
머리가 깨어나도록 하고 질문을 많이 던지게 유도하는 스승!

그런 의미에서 아리스토텔레스는 최고단수의 스승님인지도….

GRAVITY EXPRESS CHAPTER 04

그것이 아니오

아리스토텔레스에 대한 반박

이 지구가 사실은 운동하고 있다는 것이 이제는 명백해졌다. 이는 보이지 않지만 확실한 사실이다.
왜냐하면 우리가 운동을 파악하는 것은 오직 고정된 어떤 것과의 비교를 통해서만 가능하기 때문이다.
누군가가 물 한가운데 있는 배 안에 있다고 해보자. 만약 그가 물이 흐르고 있다는 사실을 모르고,
물가를 보지 못한다면 어떻게 그는 배가 나아가고 있는지를 알겠는가?
— 쿠사누스, 《지혜로운 무지》 중에서, 1440.

아리스토텔레스는 무게와 낙하현상의 이유를 물질의 근본원소에서 찾았고, 지구가 우주의 중심이라는 우주관을 확립했다. 그 외에 우주의 모든 움직이는 현상을 체계적으로 분류했으며 딱히 반박할 것이 없을 정도로 그의 이론은 논리정연했다. 하지만 시간이 지나면서 사람들의 의구심이 쌓여갔다. 실제 낙하현상은 아리스토텔레스의 말과 차이가 있었고 오랫동안 관측한 천체의 운동이 아리스토텔레스의 우주관과 다른 것이 아닌가 하는 생각이 들기 시작했다. 우주의 중심은 지구가 아니고 태양이다. 만일 이것이 사실이라면 아리스토텔레스의 이론은 송두리째 틀어지게 된다. 하지만 하루아침에 생각을 바꿀 수 없는 큰 이유가 있었는데, 바로 낙하현상이다. 지구가 우주의 변방에서 바삐 움직이고 있다면 어떻게 물체들이 지상으로 곧장 낙하할 수 있는가 말이다. 또한 움직이는 지구가 어찌 이렇게 미동도 없이 고요할 수가 있단 말인가.

지금부터 발상의 전환을 시도해보자.

낙하운동을 포함한 물체의 운동을 아리스토텔레스와는 다른 시각으로 바라보는 것이다.

동전이 물속에서 가라앉는다.

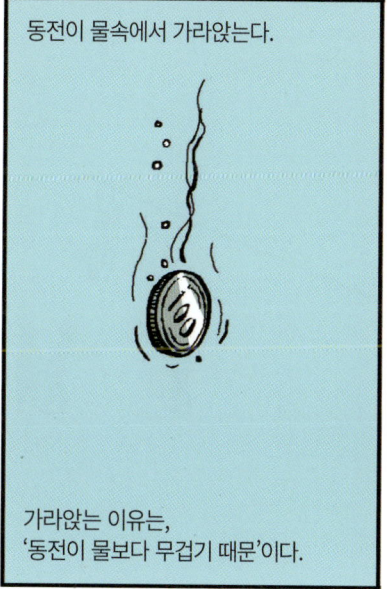

가라앉는 이유는, '동전이 물보다 무겁기 때문'이다.

풍선이 위로 올라간다.

올라가는 이유는, 풍선 안의 공기가 주변의 공기보다 '상대적으로 가볍기 때문'이다.

물체의 상승과 하강은, 해당 물체와 그 주변 물체들의 상대적 무게 차이로 발생한다.

이처럼 상승과 하강에는 **상대적** 이유가 존재한다는 관점.

이는 아리스토텔레스의 절대적 무게의 개념과 근본적으로 다른 시선이다.

무게의 상대성에 대한 인식을 극명하게 보여준 사람은 ***아르키메데스**다.

그는 모든 것을 단순화한 이상적 상황을 떠올렸다.

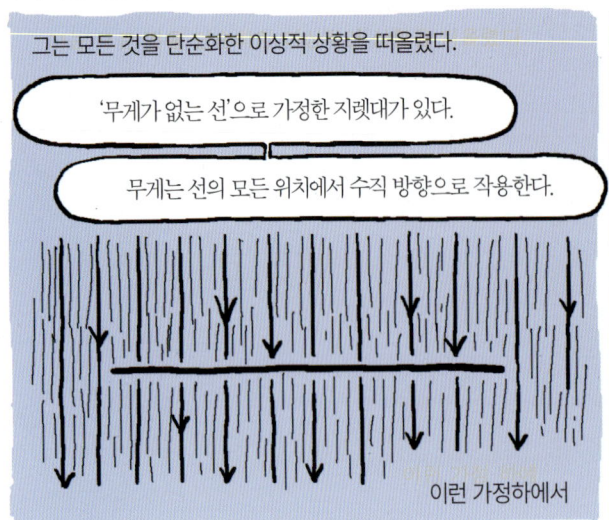

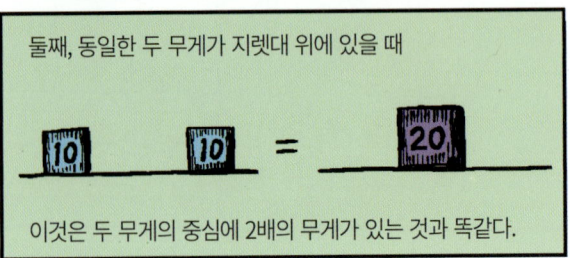

자, 이제 앞의 두 가지 명제를 근거로 다음의 상황을 살펴보자.

최종 결론은?

지독하리만큼 논리적이고 간결한 원리!
아르키메데스는 이 원리대로라면 아무리 무거운 지구라 할지라도 엄청나게 긴 지렛대만 있다면 들어올릴 수 있다고 생각했다.

여기서 눈여겨봐야 할 것은, 물체 본연의 무게와 물체의 상승과 하강 현상을 설명할 때, 물체를 구성하는 근본원소나 물체가 움직이는 방향에 관해서는 거론조차 되지 않았다는 점이다.
그저 무게의 상대적인 비교와 받침점으로부터 **상대적인** 거리만 있으면, 어떤 일이 벌어질지 예측가능한 것이다.

＊**아르키메데스**(Archimedes, BC287년경~BC212) : 시칠리아 출신의 수학자.

새로운 상대적인 인식에는 물체의 상승과 낙하를 설명하는 뭔가가 더 필요하다.

*데모크리토스(BC460년경~BC370년경) : 원자론의 아버지라 불리는 그리스 철학자.

지상의 모든 것은 본래부터 지구와 비슷한 것들로서, 함께 뭉치려는 자연의 본성이 낙하현상으로 나타나는 것이다.

이 생각은 후대의 철학자들에게도 명맥을 유지하면서 이어지는데….
케플러도 비슷한 말을 했다.

무게, 낙하현상이란 비슷한 물체들이 서로 하나가 되려는 물질 간의 **상호적 경향**의 결과요.

물질 자체에서 낙하현상의 원인을 찾는다는 점에서 아리스토텔레스의 이론과 비슷한 것도 같지만,

원인은 이곳에!

아리스토텔레스가 물질 자체의 개별적인 성향으로 낙하현상을 설명한 것과 달리,

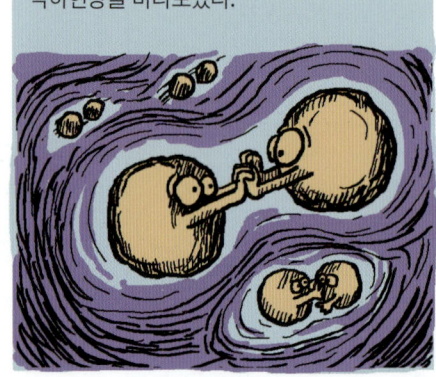
케플러는 물질 사이의 상호작용으로 낙하현상을 바라보았다.

하지만 뭔가 애매하고 두루뭉술한 면이 있는데…

좀… 이상해.

비슷한 물질이 서로 잡아당긴다면, 다른 물질들은 서로 밀쳐내기라도 한단 말인가?

찰싹!

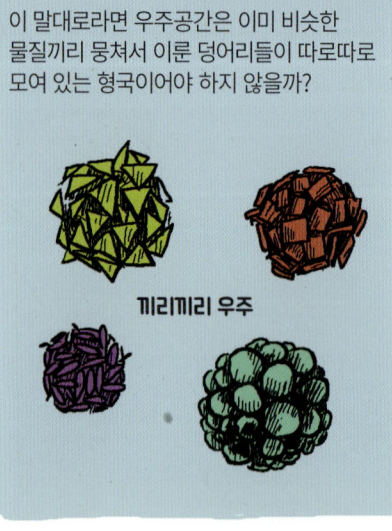
이 말대로라면 우주공간은 이미 비슷한 물질끼리 뭉쳐서 이룬 덩어리들이 따로따로 모여 있는 형국이어야 하지 않을까?

끼리끼리 우주

그리고 근본적으로, 비슷하다는 것은… 무엇으로 비슷하다는 말인가?

냄새? 색깔? 질감? 모양? 호감? 무게?

끝도 없는 애매함이 있음에도 불구하고 비슷한 것끼리 뭉친다는 생각은 많은 사색가들의 뇌리를 끈질기게 벗어나지 않았다.

운동이론은 어떨까? 아리스토텔레스는 우주 안에서 벌어지는 운동을 자연운동과 강제운동으로 분류했다.
낙하운동은 자연운동에 속하고, 강제운동은 직접적인 접촉에 의해서만 발생하는, 우리가 늘 경험하고 있는 운동이다.

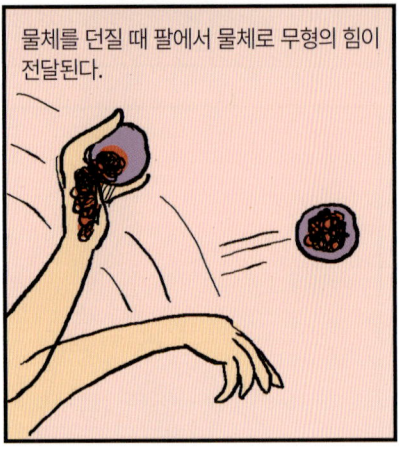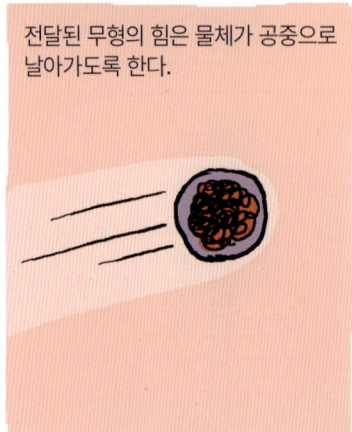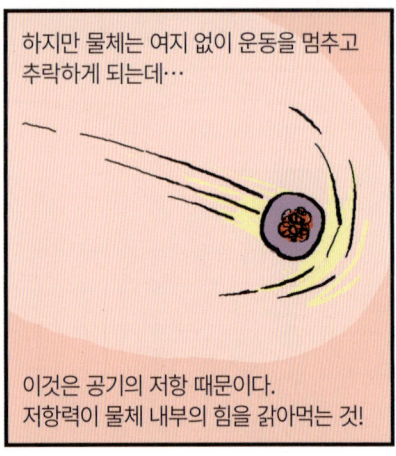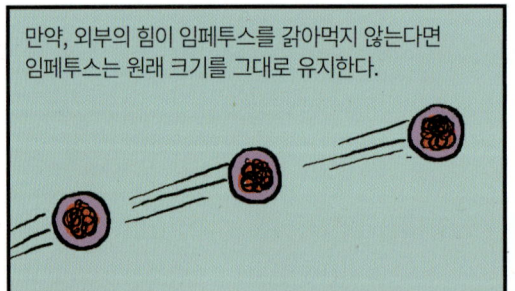

***장 뷔리당**(Jean Buridan, 1300~1358) : 중세 프랑스의 철학자로 아리스토텔레스의 영향에서 벗어나려는 노력을 많이 했다. ****임페투스**(Impetus) : 장 뷔리당은 물체가 운동하는 이유가 그 안에 숨은 힘의 덩어리 때문이라고 했는데, 이 힘의 덩어리가 '임페투스'이다.

낙하하는 물체의 운동에 대해서도 새로운 관점의 해석이 나왔다.

세상의 많은 움직임들이 지속적으로 유지되지 않고 멈추는 방향으로 진행되는 반면,

(장 뷔리당이 말한 임페투스 개념은 아리스토텔레스의 이야기에서는 없던 내용들로, 앞으로도 이어질 주옥같은 내용이기에 잘 기억하고 있어야 한다.)

물론 아리스토텔레스의 이론과 비슷한 부분도 존재한다.

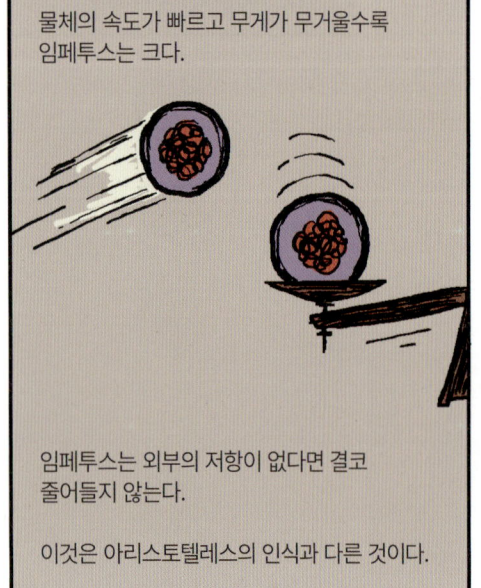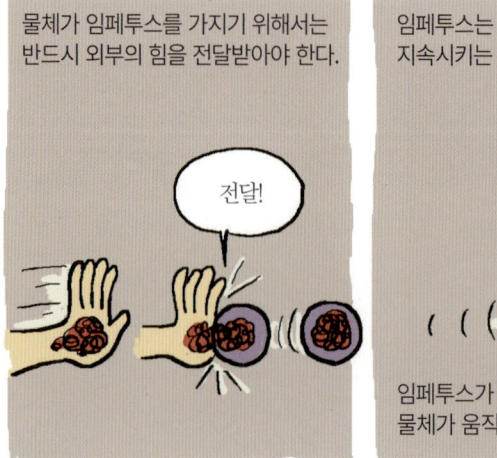

임페투스는 아리스토텔레스가 말했던 **'운동을 가능하게 하는 작용 원인'**과 많이 흡사하다.

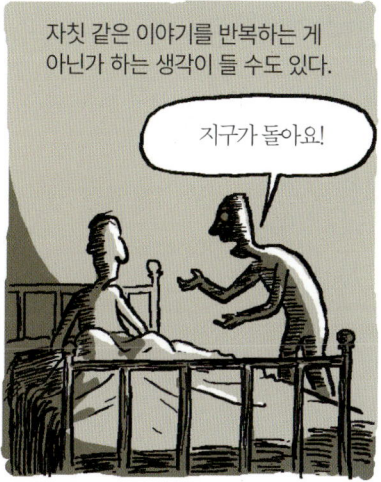

*뷔리당과 오렘이 지구 회전의 가능성에 관해서 이야기하고 있다.

지구보다 훨씬 큰 수많은 천구들이 하루에 한 번 지구를 중심으로 회전하는 것보다는, **지구 하나만 회전하는 것**이 이치상 훨씬 단순하고 효율적이지 않을까요?

그렇지요. 경제적인 것은 맞아요.

지구가 태양 주위를 회전한다는 이야기가 아니다.
대화의 초점은 공전이 아닌 **자전**이다.
지구는 우주의 중심 위치에 굳건히 놓여 있다.

다만 지구 자체가 돌고 있는 것은 아닌지,
하루에 한 번 자전할지도 모른다는 것이 이야기의 주제다.

천구가 돈다. 그게 아니면…
지구가 돈다.
눈으로 봤을 때 둘은 구분이 안 되죠…

둘 사이에 천문학적 계산도 다를 수 없습니다.

천구가 도는 경우   지구가 도는 경우

완전히 똑같아요.

'두 가지 전부 옳다'가 진실이 될 수는 없을 테고…

그렇지요.
둘 중 하나만 옳겠지요.

*니콜 오렘(Nicole d' Oresme, 1325~1382) : 프랑스의 자연철학자로 임페투스이론을 발전 심화시켰고, 역학 연구에 기하학과 그래프를 도입함으로써 후대의 연구에 영감을 제공했다.

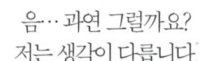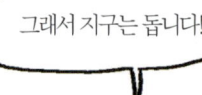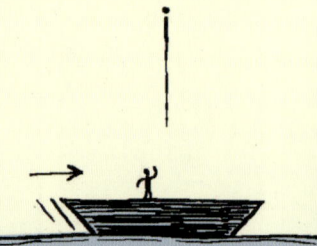

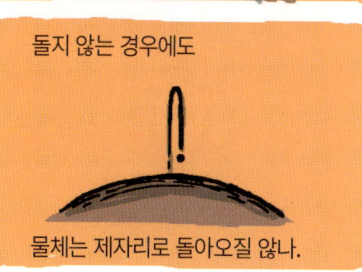

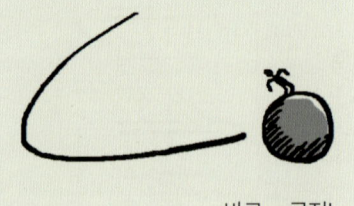

*오컴(William of Ockham, 1285년경~1349) : 영국의 스콜라 철학자.

다른 분야와 마찬가지로 천문학 또한 시간이 지나면서 지식이 쌓이고 정교해졌으며 기하학과 수학이 자연스럽게 이 분야에 요긴하게 이용되었다.

천문학의 묘미는 천체의 움직임을 얼마나 잘 설명하느냐, 얼마나 정확히 예측하느냐에 있거든.

그 당시 천체의 움직임에 있어 가장 기본이 되는 상식은,

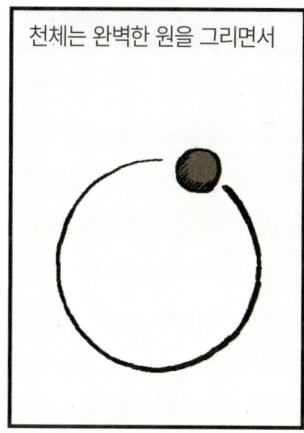

천체는 완벽한 원을 그리면서

일정한 속도로 움직인다는 것이었다.

원을 이용하여 하늘 위의 모든 천체들의 움직임을 예측할 수 있는 체계를 만드는 일. 이는 결코 쉬운 작업이 아니었는데….

특히나 큰 골칫거리는 수성, 금성, 화성 등의 행성들이었다.
일관되고 가지런한 움직임을 보이는 다른 천체들과 달리 행성들은 제멋대로 움직이는 듯 보였는데,

어…

얼씨구!

헉…!

행성(planet)의 어원을 보면, 그리스어로 떠돌이(planetai)로서 여기서도 그들의 정체를 눈치챌 수 있다.

천문학자들은 이것을 설명해내야 했지만….

저놈들만 아니었어도 우리가 이 고생을 안 할 텐데…

왜 그래… 그래도 우리 밥줄이야.

결국 천문학자들은 어려운 문제를 풀어낸다.
우주의 중심은 지구였다. 아니 정확히 말하면,
지구 근처에 있는 허공 위의 점이다.

그리고 모든 천체는 그 점을 중심으로 돈다.
드디어, 천체들이 언제 어디에 있는가를
정확히 예측할 수 있는 체계를 갖추었다.

***프톨레마이오스**가 완성한 **지구 중심 우주모델**은 수 세기에 걸친 관측과 계산의 축적이 낳은 걸작이었다. 천체들의 위치를 예측함에 있어서 그 정확성은 타의 추종을 불허했다.
그의 저서 **《알마게스트》**는 그 후로도 오랫동안 위엄을 떨치며 천문학의 바이블로 자리잡는다.

무려 1,500년 동안 천문학 교과서!

후덜덜! 내가 대체 무슨 짓을 한 거야? 스스로 무서울 지경이야…

나 천재? 괴물?

***프톨레마이오스**(Klaudios Ptolemaeos, 85년경~165년경) : 그리스의 천문학자이자 지리학자이며 천동설의 수학적 완성을 이루었다.

방법 자체는 단순했다. 하늘 위에 동그라미를,

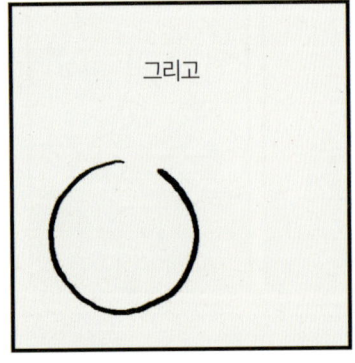
그리고

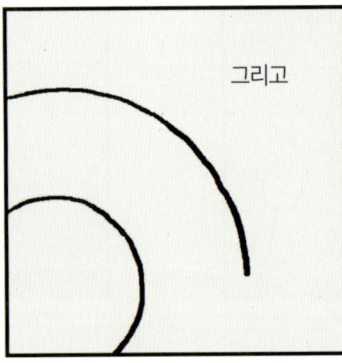
그리고

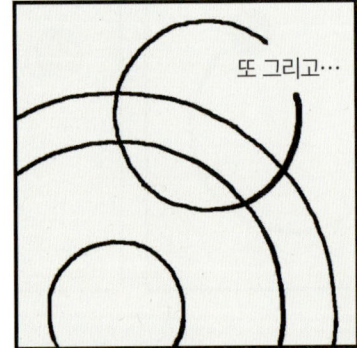
또 그리고…

그리하여 완성된 지구를 중심으로 한 우주의 모습이 탄생했다!

명작을 소개합니다.
제목은 헝클어진 혼돈…

앗따~ 복잡하구마이~ 잉.

그런데… 참 복잡하다. 오랜 시간이 흐른 어느 날… 갑자기…
오컴의 면도날이 다시 빛을 발한다…

《알마게스트(Almagest)》 : 원래 《천문학 집대성(Megale Syntaxis tes Astoronomias)》이라는 프톨레마이오스의 책이 '알마게스트'라는 제목으로 번역되었는데, 이것이 훨씬 유명해졌다. 코페르니쿠스 이전 시대의 최고의 천문학 서적이다.

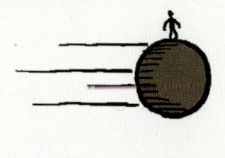

*니콜라우스 코페르니쿠스(Nicolaus Copernicus, 1473~1543) : 폴란드의 성직자로 천문학에 관심이 많았고 지동설(태양중심설)을 주장하는 책을 내놓았다. 지동설의 선구자이자 상징적인 인물로 역사에 남았다.　**《천체의 회전에 관하여(De revolutionibus orbium coelestium)》(1543) : 발행 10년 전에 이미 원고는 마무리되었으나, 내용이 교리에 위배된다는 것을 잘 아는 코페르니쿠스는 발간을 미뤄오다가 임종 직전에야 책을 내놓았다. 역사적인 이 책으로 우주관이 지동설로 전환되는 길이 트였다.

그들은 그 자신감을 가지고 상식으로 통했던 지구 중심설을 과감히 걷어내버리고,
우주 중심에 태양을 두고 지구가 움직인다는 새로운 우주론을 뒷받침할 이론을 만드는 도전을 시작한다.

*인쇄술의 혁명 : 여기에서는 유럽 지역에 국한된 혁명이라 해야 할 것이다. 아시아권에서 최초로 고안되고 발전을 거듭했으나, 구텐베르크(Johannes Gutenberg, 1397~1468)의 활자 인쇄술로 온 유럽으로 정보가 퍼져나갔고, 이후 모든 서양의 문화와 과학을 폭발적으로 발전시키는 방아쇠가 되었다.

직접 확인할 방법은 없지만 저 너머 천체들의 세상은 도무지 물체들이 떨어지는 곳이 아닌 것 같다.

너무나 달라 보이는 먼 곳의 세상은 사람들로 하여금 지상세계와 천상세계가 완전히 다른 곳이라는 인식을 가지게 했다. 또한 지구는 우주에서 유일하게 특별한 곳이며 그렇기에 당연히 우주의 중심에 있을 것이라 보았다. 아리스토텔레스는 이에 바탕을 둔 정교한 체계를 만들었다.

하지만 코페르니쿠스가 지구 대신 태양을 우주의 중심에 두면서, 이러한 낙하현상의 논리는 송두리째 흔들리게 된다.

우주의 중심인 태양으로 모두가 낙하해야 하는 걸까?

아니면 지구는 다른 천체들과 동등한 입장이 되어야 하는데… 도대체 낙하현상은 뭐란 말인가?

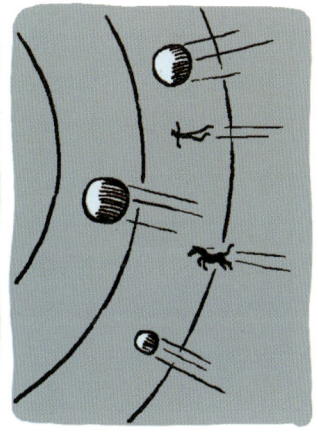

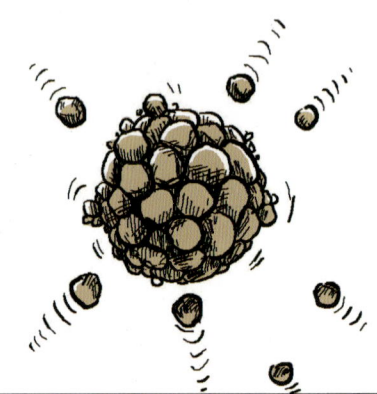

***길버트**는 낙하현상이 개별적인 천체들의 자연현상이라는 코페르니쿠스의 생각에 공감하고 있었지만,

그 생각을 지탱하는 근간이 매우 약하다는 느낌을 지울 수 없었다.

천체의 자연현상이다.

왜? 조금 더 구체적일 수는 없는가…

비슷한 것끼리 가까이 다가가려는 현상이다.

무엇이 비슷하단 말이지?

길버트는 더욱 포괄적인 설명이 필요하다고 생각한다.

천체의 특성은 중력현상뿐만이 아니다. 움직이고 있지 않은가.

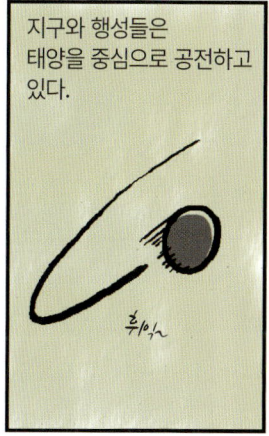

지구와 행성들은 태양을 중심으로 공전하고 있다.

지구는 하루에 한 번 자전하고 있다.

행성들이 지구와 별반 다르지 않다면 그들도 자전할 것이다.

엄청난 덩치의 거대한 천체들이 이렇듯 자전하면서 공전을 한다. 한 치의 멈춤도 없이!

불가사의한 이 상황을 임페투스이론에서는 최초의 설계자가 천체들에 임페투스를 부여했고 저항이 없는 우주공간에서 천체들은 무한히 움직인다는 것으로 설명했다.

아니야. 그 말은 도무지 믿을 수 없어…

천체들은 마치 살아 있는 생명체 같지 아니한가?

천체들이 스스로 움직이게 하는 내적 동력원이 분명 있을 거야.

네?

***윌리엄 길버트**(William Gilbert, 1544~1603) : 영국의 의사이자 물리학자. 《자석에 대하여》라는 혁신적인 책을 출판함으로써 실험과학의 아버지로 불리게 되었다.

내적인 동력원!
길버트가 떠올린 것은 자석이었다.

자석은 참으로 신기하고 특별하다.

닿지 않고도 힘을 발휘한다.

끌어당기기도 하고

밀쳐내기도 한다.

천체들을 공전하고 자전하게 하는 것.
그리고 천체에서의 낙하현상.
길버트는 이 모든 현상을 아우를 수 있는
근본적인 동력원과 자석은 깊은 관련이 있다고 생각했다.

자석의 힘이 천체 스스로 움직이는, 정확히는 자전하게 하는 원인이다.

자석이 철가루를 달라붙게 하는 것과 같은 원리로 천체는 자신의 파편들을 끌어당긴다.

천체 자체가 거대한 자석이다?

길버트는 자석과 철이 우주를 구성하는 주요한 원소이며 둘은 근본적으로 태생이 같다고 보았다. 그래서 거대한 자석 지구는 지상에 있는 근원이 같은 자신의 파편들을 잡아당긴다. 나침반을 보더라도 지구가 자석이라는 생각에 더욱 힘이 실린다.

천체들을 자석으로 보게 되면 말이 되는 것이 꽤 많아 보였다. 자전하는 지구 위에서 위로 곧장 던져진 물체가 제자리로 떨어진다는 오렘과 뷔리당의 대화를 되새겨보자.

자석 전체가 발산하는 기가 있다.

전체가 회전하는 동안

공중에 던져진 물체를 잡아주기 때문에

천체의 회전방향 뒤편에 떨어지지 않는다는 설명이 가능하다.

눈에 보이지 않는 허공의 기? 마치 손이나 그물망처럼 물체에 힘을 가하는 기운?

이 생각은 좋게 말하면 혁신적이지만,

마치 염력이나 마술을 떠올리게 한다.

자석에 홀린 듯한 몽상가의 이야기는 계속된다.

코페르니쿠스는 물체의 낙하현상과 무게를 천체들의 개별적인 특성으로 한정시켰다.

이와 달리 길버트는 중력의 개념을 천체들 사이로 확장시킨다.

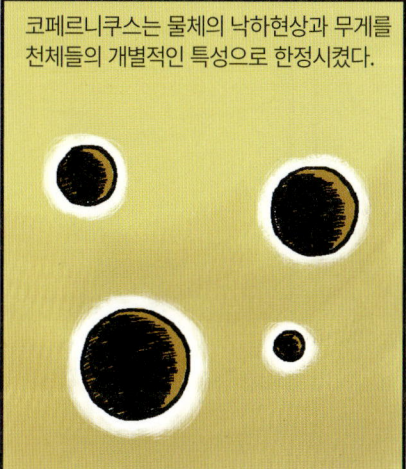

길버트는 지구와 달 사이에 모종의 보이지 않는 고리가 연결되어 있다고 생각했다. 연결 고리의 원천은 역시나 자석의 힘이다.

지구와 달 사이는 매우 가까운 편이고, 둘은 서로 유사하며 서로 간에 확실한 효과를 발휘하는 것 같다.

태양 또한 자석이라는 것에서 열외가 될 수 없는데, 태양은 자석 중에서도 절대적 제왕이라 할 수 있다.

*요하네스 케플러(Johannes Kepler, 1571~1630): 독일의 천문학자로 행성운행법칙 3가지를 발견함으로써 천문학에 지대한 영향을 끼쳤다.

GRAVITY EXPRESS
CHAPTER 05

떨어진다는 것은 끌어당기는 것
지상의 언어로 낙하를 설명하다

나는 중력(무게)을 자기력과 흡사한 상호적인 인력으로 정의한다.
근접한 물체 사이의 인력은 멀리 떨어져 있는 물체들 사이에서보다 훨씬 크다.
— 요하네스 케플러, 《꿈》 중에서, 1630.

태양중심설의 최대 약점 중 하나는 기존의 지구 중심설보다 예측력이 정확하지 않다는 것이었다. 태양이 우주의 중심이라는 것과 우주는 반드시 조화롭게 되어 있다는 굳건한 믿음을 가진 한 사람은 기필코 그 약점을 해결하고야 만다. 이것을 가능케 한 것은 기존의 상식을 과감히 버릴 수 있는 용기와 하늘의 길을 끈질기게 바라본 인내심이었다. 그는 더 나아가 천체가 움직이고 물체가 땅으로 떨어지는 데는 분명 인간이 이해할 수 있는 원리가 있다고 생각했고, 그 원리는 우리가 이미 알고 있는 것이라는 혁신적인 생각을 한다. 이 사람은 천문학자로서 물리학자처럼 생각한 것이다.

케플러는 어렴풋이 느꼈다.
눈에 보이는 중심이 아니라면

다른 의미의 중심이라고…

행성이 태양 주위를 돈다는 것은 분명 태양이 행성들의 운동에 영향력을 행사하고 있다는 의미다.

그리고 이 신념은 차후 *케플러의 3가지 행성운행법칙을 완성케 하는 주춧돌이 된다.

하지만 그전에 케플러에게는 행운이 필요했고, 그 행운은 어느 날 불현듯 케플러의 앞에 나타났다. 전 인류적으로도 결정적 행운을 마주치게 된 순간이다.

바로, 덴마크의 천문학자 **튀코 브라헤와의 만남!

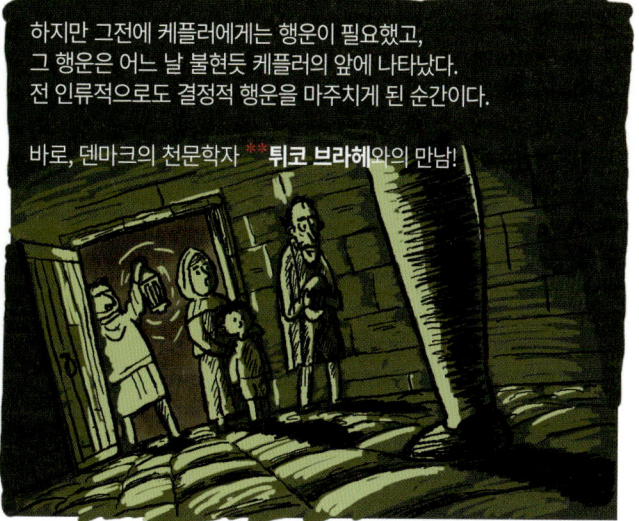

튀코 브라헤

그는 불같고 괴팍한 성격의 소유자로서 소싯적 결투를 벌이다 코를 잘려, 금으로 만든 코를 달고 살았다고 전해진다.

케플러에게 다가온 행운의 정확한 의미를 찾자면, 튀코 브라헤가 축적한 방대하고 섬세하기 이를 데 없는 천문 관측자료와의 만남이었다고 할 수 있다.

***케플러의 행성운행법칙 3가지** : 제1법칙(타원 궤도의 법칙), 제2법칙(면적속도일정의 법칙), 제3법칙(주기의 법칙).
***튀코 브라헤**(Tycho Brahe, 1546~1601) : 덴마크의 천문학자로 육안으로 관측하는 천문학의 경지를 최고 수준까지 끌어올렸으며 천문학의 역사에 큰 족적을 남겼다.

케플러와 튀코 브라헤는 성격이 판이하게 다른 듯 보였지만 공통점도 있었다.

끈기, 집착, 편집증, 과도한 완벽주의가 그것이다.

케플러는 저주받은 행성이라고 불릴 만큼 변화무쌍한 움직임을 보인 화성의 궤도를 밝히는 연구에 먼저 착수한다. 화성의 궤도는 천문학의 난제였다.

이때 케플러의 머릿속은 두 가지 생각으로 차 있었다.

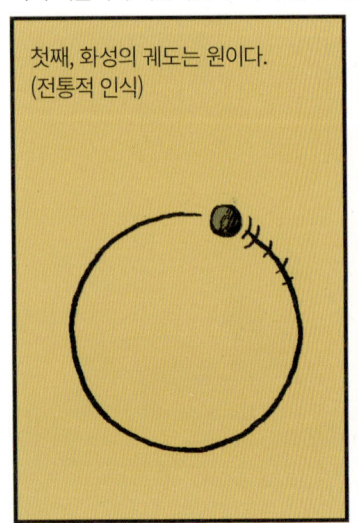

첫째, 화성의 궤도는 원이다. (전통적 인식)

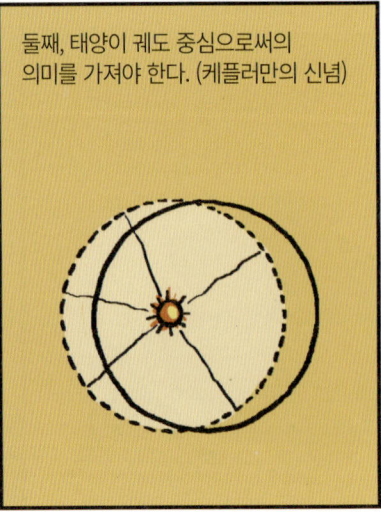

둘째, 태양이 궤도 중심으로써의 의미를 가져야 한다. (케플러만의 신념)

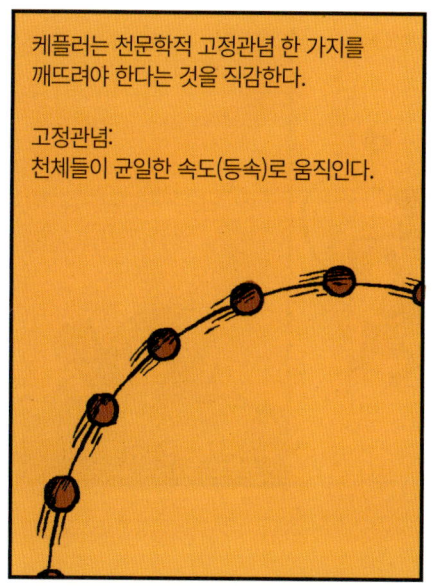

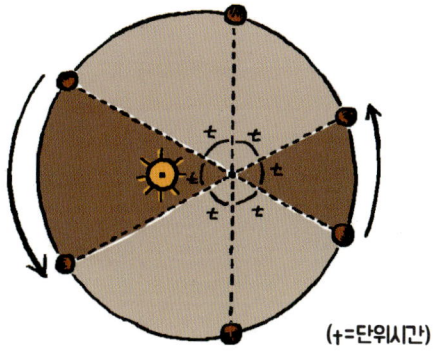

(t=단위시간)

이때 화성은 태양 근처에서는 궤도를 빠르게 움직이고, 태양에서 먼 쪽에서는 느리게 움직이게 된다. 화성이 시시각각 속도를 달리하면서 원 궤도를 지난다는 말이다.

괴로움 속에서 불현듯 한 가지 생각이 떠올랐다.

*이심(離心) : 당시 천문학에서 천체들이 완벽한 원을 그리면서 움직인다는 것은 상식이었다. 그러다보니 태양 주위를 도는 행성의 중심은 정확히 태양이 아닌 근처의 허공에 있어야만 했다. 이심은 허공에 존재하는 가상의 중심이다.   **각속도(angular velocity) : 원운동에서 단위시간 동안에 회전한 각도.

모골이 서늘해지는 아찔함이 엄습한다. 지구가 어떻게 움직이는지도 모르면서 지구 위에 있는 사람이 화성의 궤도를 추적하는 형국이라니.

날뛰는 말 위에서 미친 새를 잡는 것보다 훨씬 어려운 일이다.

하지만… 돌아가기에는 이미 늦었다.

케플러는 끝끝내 실마리를 발견해낸다.
기막힌 아이디어를 도입했고, 지구가 어떤 패턴으로 움직이는지를 알아냈다!

지구가 속도를 달리하며 공전할지라도 화성의 궤적을 추적할 객관적인 방법을 찾아냈다.

이제 지구의 운동과 관계없이 화성이 궤도상에서 어떻게 움직이는지를 알게 된 것이다.

이 과정에서 그는 궤도면을 따라가는 행성의 움직임에 관한 조금 더 정밀한 규칙을 발견한다.

면적속도일정의 법칙이라고 불리는 케플러의 행성운행 제2법칙이다.
태양을 초점으로 두고
고무줄을 연결한 연필을
원 궤도로 훑고 지나갈 때
같은 시간 동안
같은 면적을 쓸고
지나간다는 것이다.

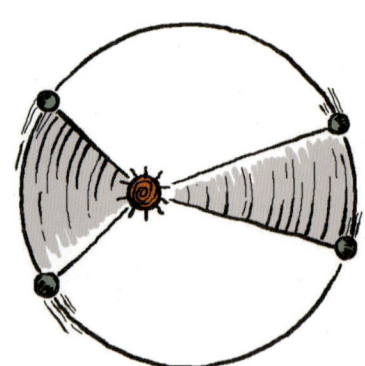

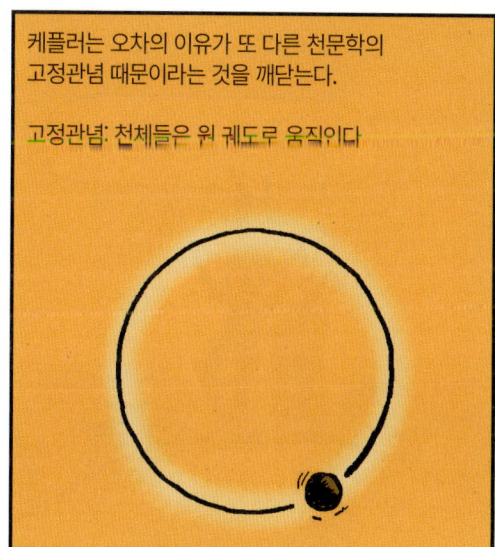

타원은 두 개의 점을 그리고 두 점과의 거리의 합이 같은 곳의 점들을 이으면 그려진다.

종이 위에 압정 두 개를 박고 실과 연필을 이용하면 타원을 그릴 수 있다.

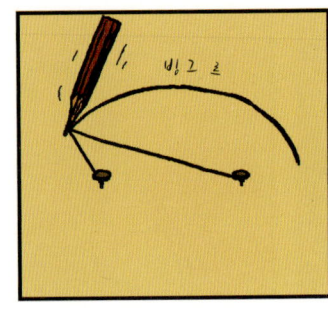
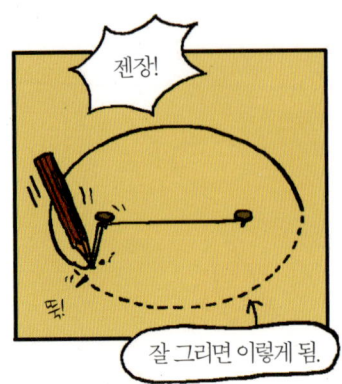

잘 그리면 이렇게 됨.

타원 궤도를 따라서
같은 시간 동안 같은 면적을 훑고 지나가는
화성의 궤도.

화성은 원이 아닌 타원의 궤도를 따라 공전하며,
타원의 두 초점 중 하나에 정확히 태양이 위치해 있다.
이것이 바로 케플러의 제1법칙, 타원 궤도의 법칙이다.
앞서 발견한 제2법칙, 면적속도일정의 법칙과 함께
화성은 타원을 따라가면서 태양에 가까운
근일점 주위에서 빠르게 움직이고,
태양과 멀수록 느리게 움직이면서 공전한다.

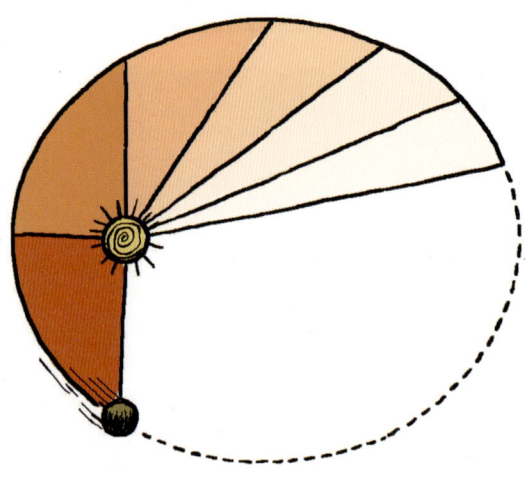

케플러의 제1법칙과 제2법칙으로 예측된 화성의 궤도는 관측치와 한 치의 오차 없이 일치했다. 케플러의 연구결과는 정확했고 혁신적이었으며, 화성뿐만 아니라 모든 행성에 적용 가능한 법칙으로 우뚝 섰다.

이로써 태양중심설의 치명적인 약점인 부정확성이 극복된 것이다.

화성의 궤도와 싸운 오랜 시간의 혈투는
이로써 막을 내렸다.
(이렇게 요점만 짚어서 결론만 말하는 게 미안할 정도…)

내가 힘든 일이라고 했어, 안 했어~

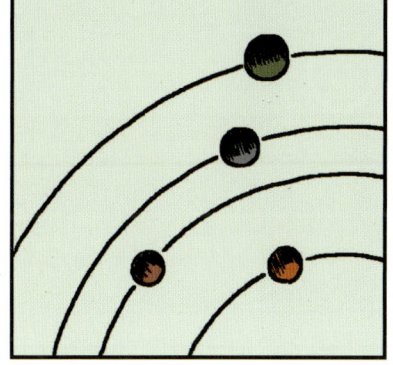
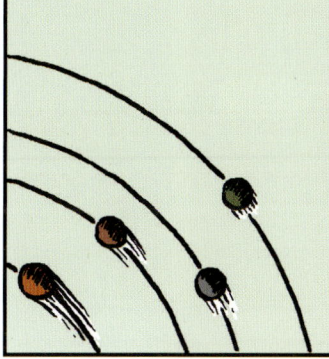

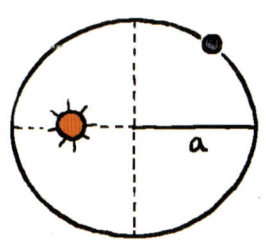

이러한 3가지 법칙을 발견한 케플러는 자신의 노력에 자부심을 가지는 동시에 수학적으로 조화로운 우주와 신의 위대함에 눈시울을 훔쳤을 것이다.

그는 자신이 만든 3가지 행성운행법칙이 무엇을 의미하는지 골똘히 생각했다.

1. 타원 궤도의 법칙
2. 면적속도일정의 법칙
3. 주기의 법칙

제1법칙에 의해서 행성들은 원이 아닌 타원 궤도 위에서 돌고 있다.

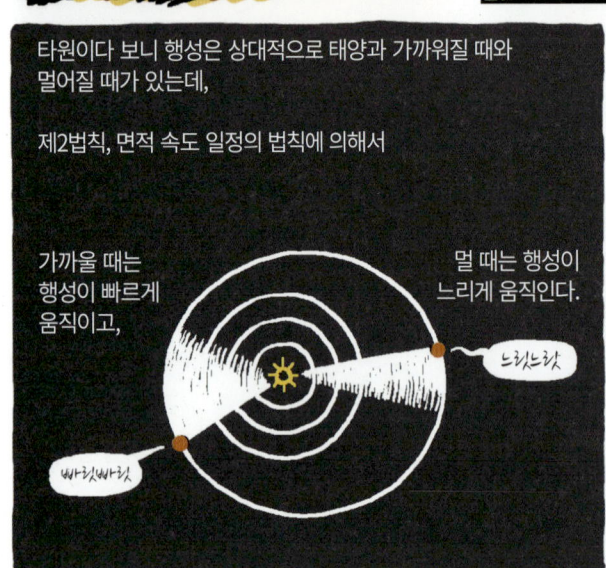
타원이다 보니 행성은 상대적으로 태양과 가까워질 때와 멀어질 때가 있는데,

제2법칙, 면적 속도 일정의 법칙에 의해서

가까울 때는 행성이 빠르게 움직이고,

멀 때는 행성이 느리게 움직인다.

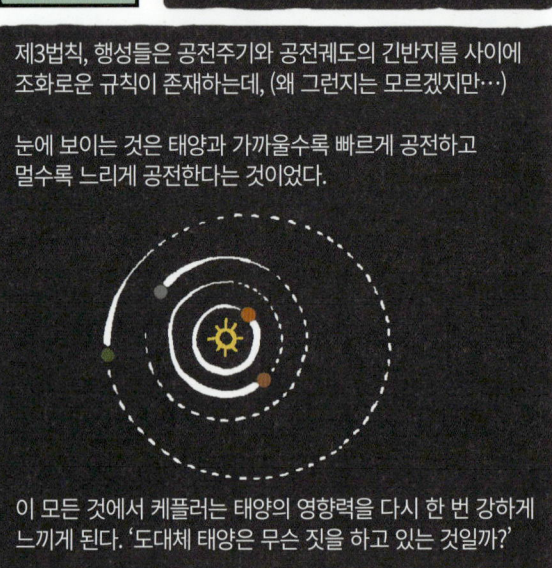
제3법칙, 행성들은 공전주기와 공전궤도의 긴반지름 사이에 조화로운 규칙이 존재하는데, (왜 그런지는 모르겠지만…)

눈에 보이는 것은 태양과 가까울수록 빠르게 공전하고 멀수록 느리게 공전한다는 것이었다.

이 모든 것에서 케플러는 태양의 영향력을 다시 한 번 강하게 느끼게 된다. '도대체 태양은 무슨 짓을 하고 있는 것일까?'

태양의 힘의 근원은 무엇인가?

그는 머릿속으로 줄에 돌을 매달고 빙글빙글 돌리는 상황을 떠올렸다.

하지만 태양과 행성 사이에 줄 같은 것은 보이지 않는다.

케플러는 이때 길버트의 자기이론을 접했고, 놀라움을 감출 수 없었다.

부족한 부분을 이 영국 사람이 채워주는구나!

자석이었군!

태양은 지구와 행성들을 자석의 힘으로 잡아당기고 있다. 하지만 잡아당긴다면 벌써 예전에 태양으로 모든 행성이 모였을 텐데…

왜 행성들은 태양에 가까워지지 않고 태양 주변을 맴도는 것일까?

희망고문?

케플러는 잡아당기는 것에 대한 반발력이 있음이 분명하다고 생각했다.

반발력은 행성들이 궤도로부터 벗어나려는 운동이라 생각하기에 이른다.

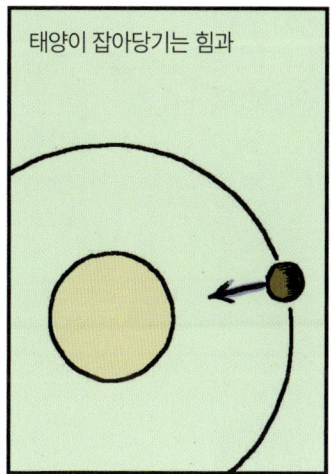
태양이 잡아당기는 힘과

태양으로부터 벗어나려는 반발력….
이때 반발력의 방향에 유의해야 한다.

타원의 접선 방향

반발력 역시 태양으로부터 온다.

거대 자석 태양이 회전하면서 발산하는 보이지 않는 힘으로 행성을 전진시키는데, 이것은 결국 벗어나려고 하는 반발력으로 작용한다.

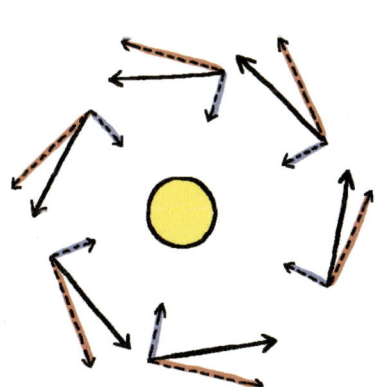
잡아당기는 인력과 반발력, 두 힘이 평형을 이루고 행성은 타원의 궤도를 돌게 된다.

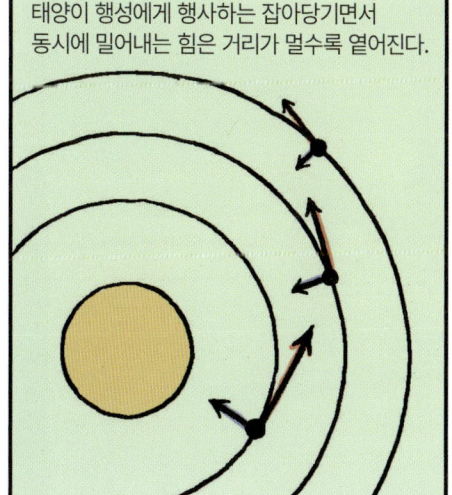
더불어,
태양이 행성에게 행사하는 잡아당기면서 동시에 밀어내는 힘은 거리가 멀수록 옅어진다.

마치 횃불로부터 멀어질수록 빛이 약해지는 것과 비슷하다.

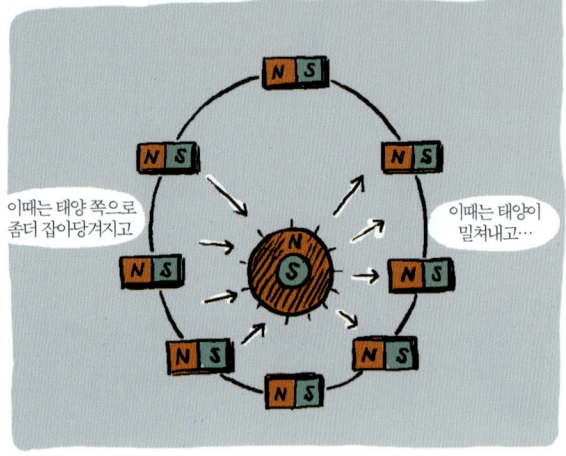

말년이 된 케플러는 너무 오랜 시간 동안 관측과 계산에만 몰두해왔고 이제 그만해야 할 때가 되었다고 생각한다. 자유로운 상상으로 영혼을 쉬게 하고 싶다는 바람….

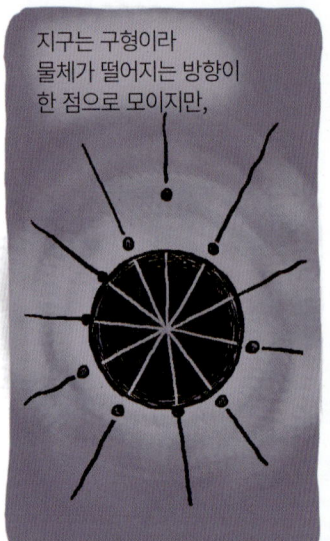

케플러의 몸은 점점 약해져갔고… 결국 피로에 지쳐 객지에서 열병으로 외로이 세상을 떠났다.

이쯤에서 우리 이야기의 큰 물줄기를 만들어낸 케플러의 생각을 다시금 정리하고 넘어가도록 하자.

그는 하늘의 원리를 밝히는 천문학자로서, 행성들이 움직이는 궤도의 수학적 원리를 밝히고자 연구를 시작했다.

이상한 코페르니쿠스의 체계…

결국 3가지의 행성운행법칙을 발견해냈으며, 이로 인해 인류는 태양을 우주의 중심에 두고도 가장 정확한 체계를 가질 수 있었다.

하하, 이제 좀 그림이 나오는구먼!

그의 법칙들은 하나같이 태양이 행성에 실제적인 영향력을 발휘한다는 것을 가리켰고, 급기야 케플러는 천문학의 영역에 물리학을 들여다놓는다.

뭔가 있다. 이것이 다가 아니야!

태양이 천체에 가하는 영향력 가운데 잡아당기는 힘에 대해서 케플러는 수차례 생각을 바꾼다.

유사한 것들끼리 서로 하나가 되려는 성향… 이것 때문에 천체들의 운동이나 지상의 낙하현상이 생기는 거 아니겠소?

비슷한 거 헤쳐모여.

그의 연구는 길버트의 영향을 받아서 자석의 힘이 천체들을 움직이게 하고 잡아당기게 한다는 생각으로 쏠리고

자석! 좋소~

나중에는 천체들이 잡아당겨지는 현상, 낙하현상의 근원을 '질량'이라고 결론짓기에 이른다.

애매하긴 하지만…

질량.

두 물체의 질량이 클수록 서로 잡아당기는 힘이 크고

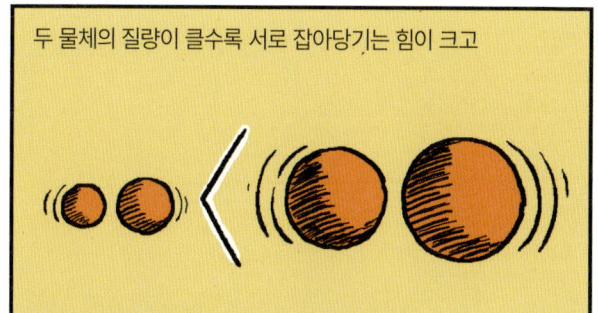

두 물체의 거리가 가까울수록 잡아당기는 힘은 커진다.

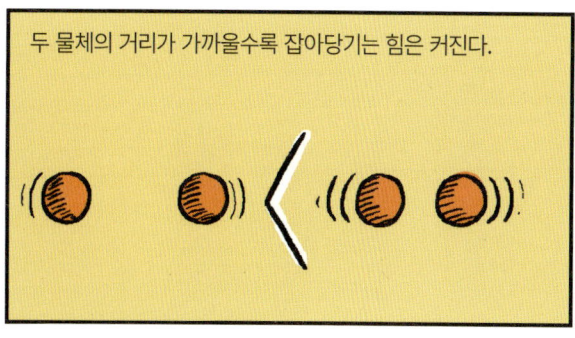

질량 자체가 물체가 낙하하고 무게감을 가지는 근원이 된다.
이 부분은 놀라운 통찰이다.

하지만 도대체 질량이 무엇인가 하는 것은 아직까지 모호하다.

- 질량이 뭐야?
- 무거운 거.
- 무거운 게 뭐야?
- 질량…

그리고 눈여겨봐야 할 부분은, 케플러가 운동에 있어서 영원함을 어떻게 인식했느냐는 것이다.
그는 '영원한 것은 정지해 있는 것이다'라는 선대 철학자들의 생각을 계승하고 있다.
사실 선택의 문제가 아니었고, 그저 당연하고 자연스러운 인식이었다.

- 행성이 움직이려면?
- 밀어줘야지!

육중한 행성들이 태양 주위를 돌기 위해서는 태양으로부터 **전진력**을 부여받아야만 가능하다는 그의 이론에서 이것을 알 수 있다.

앞으로 ***관성**'이라는 용어를 자주 마주하게 될 것이다. '원래상태를 유지하려는 성질'이라고 풀이될 수 있는데

케플러에게 관성이란 정지상태를 말하는 것이었다.

- 건드리지 않는 한 움직이지 않지요. 그거 말고 뭐가 더 있나?

곧 만나보게 될 또 한 사람의 걸출한 철학자는, 관성에 대해서 케플러와는 전혀 다른 생각을 한다. 관성에 대한 새로운 인식이 얼마나 엄청난 차이를 보여주는지 곧 실감하게 될 것이다.

- 그게 아니에요. 케플러 선생.

케플러는, 천상과 지상이 전혀 다른 게임의 규칙으로 돌아가고 있다는 기존의 생각을 타파하고 지상의 논리로 하늘을 바라본 최초의 사람이었다.

- 야호!

***관성**(inertia) : 어떤 물체에 힘이 작용하지 않거나 작용하는 힘의 합이 0일 때 물체가 자신의 운동상태를 유지하려는 성질.

GRAVITY EXPRESS CHAPTER 06

끌어당긴다는 어떤 추측도 할 수 없다

천상의 언어로 낙하를 분석하다

우리는 자연적 실체의 참된 내적 이유를 밝히기 위해 힘쓸 것인가, 아니면 몇 가지 징표를 인식하는 것에 만족할 것인가, 둘 중 하나를 고찰해야 합니다. 나는 전자의 시도(내적 본질의 추구)가 사실상 불가능한 계획이라고 봅니다. 우리는 달의 실체도 지구의 실체도 태양 흑점의 실체에 대해서도 알 길이 없으며 거의 아무것도 알 수가 없습니다. 하지만 사물이 드러내는 징표만을 관찰하고자 한다면 얘기가 달라지지요. 아주 멀리 있는 물체의 경우에도 희망이 없는 것은 아니며 가까운 물체와 마찬가지로 고찰이 가능합니다.
- 갈릴레오 갈릴레이, 《태양 흑점에 관한 서한》 중에서, 1613.

근거 없는 생각은 공상과학소설을 쓰는 것과 다름없다. 근거를 댈 수 없다면? 선택은 단 하나다. 고민할 필요 없이 현상을 관찰하고 숫자로 되어 있는 규칙을 파헤치면 되는 것이다. 이처럼 차가운 이성을 가지고 과학사에 한 획을 그은 사람이 있었다. 그는 낙하현상 안에 숫자가 서려 있음을 밝혀내며, 지구 중심설이 그동안 가졌던 또 하나의 크나큰 단점, 왜 움직인다는 지구의 움직임을 전혀 느낄 수 없는가에 대해서 논리를 확립한다. 또한 우주의 참모습은 우리의 상식과는 완전히 다르다는 것, 오로지 절대적인 존재는 시간밖에 없다는 위대한 깨달음에 다다른다. 간혹 어떤 문제를 풀기 위해 과도하게 집중하다 보면 오히려 그 문제와 멀어지는 경향이 있는데, 이 사람은 그 문제를 푸는 데 집중하지 않았고 당장 할 수 있는 가능성이 있는 일에 매달렸다. 그의 관심은 물체의 운동에 대한 것이었는데, 그가 알아낸 물체 운동의 본성은 관련이 없어 보였던 물체의 낙하와 깊은 관련이 있다는 것을 깨우치는 중요한 단서를 제공한다.

*소요학파(Aristotelian School) : 아리스토텔레스가 학생들과 거닐던 산책길(Peripatos)에서 유래했다. 아리스토텔레스를 추종하는 학파를 뜻한다.

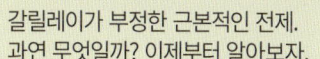

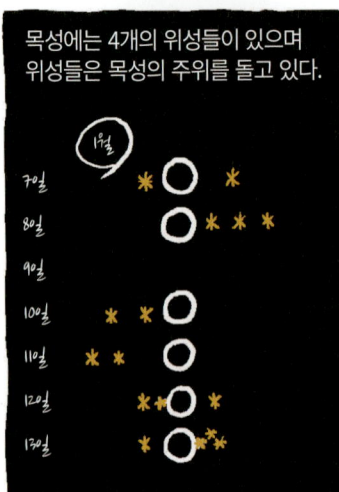

*갈릴레이 망원경(Galileian telescope) : 네덜란드식 망원경이라고 하는데, 볼록렌즈를 대물렌즈로 하고 오목렌즈를 접안렌즈로 하여 상을 맺는 방식이다.

그전에는 점으로만 보였던 금성이었으나, 고성능 망원경을 이용해 달과 흡사하게 차고 기우는 금성의 모양을 관찰할 수 있었고,

이러한 *금성의 위상차는 지동설의 당위성을 증명하는 추가적인 증거로 제시되었다.

갈릴레이는 자연을 있는 그대로 관찰하고, 그 속에서 진리를 찾아내는 것이 신의 뜻을 거역하는 일이 절대 아니라고 했다.

갈릴레이는 자신의 생각을 설파하며 사람들을 설득하는 적극성을 보였다. 하지만 그가 순수한 이성만을 가진 혁명가라고 할 수는 없다.

적당히 세속적이었으며,

정치적이었다.

*금성의 위상변화 : 갈릴레이가 지동설의 증거로 제시했는데, 금성이 이와 같은 위상변화를 보여주려면 지구와 금성이 태양을 중심으로 공전해야만 가능하다는 주장을 했다.

다행스러운 것은, 그나마 늦은 나이에 이런 일들이 생겼다는 것이며
*가택연금 정도로 끝난 것이라고 해야겠다.

갈릴레이는 무엇보다 사람들 앞에 나서는 것을 좋아하고,
우둔한 사람들의 무지함을 일깨워주는 것을
삶의 큰 기쁨으로 삼던 패기 넘치는 사람이었다.

달변가이자 탁월한 작가이기도 했던 그는
대중들의 혼을 빼놓고 자연스럽게 자신의 생각으로
이끄는 능력이 있었으며,
그의 책은 내놓으면 베스트셀러였다.
한마디로 능력자였다.

*가택연금(家宅軟禁) : 자신의 거주지에 감금되는 형벌.

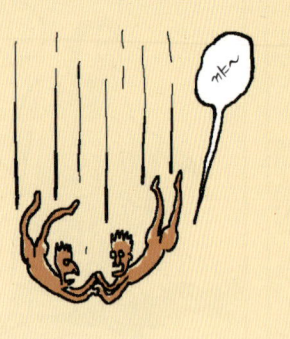
하지만 이런 행동은 죽음의 순간을 더 가깝게 할 거예요. 손을 잡는 순간 두 물체는 한 덩어리가 되고 무게가 2배로 될 테니까요!

말도 안 돼요!
푸하하

이것이 바로 우둔한 저 사람들이 하는 말이죠.

그렇다면 말이 되는 것은 무엇일까요?

물체의 낙하속도와 무게 사이에는 아무런 관계가 없다는 것입니다.

다 똑같이 떨어집니다.

하지만 선생님, 물체들을 보면 어떤 것은 분명히 빨리 떨어지고, 어떤 것은 느리게 떨어지곤 하지 않습니까? 구름처럼 전혀 떨어지지 않는 것들도 있고요.

그렇소. 부정할 수 없는 사실이지. 왜 그런 것일까? 물체의 무게가 아니라면 무엇이 낙하속도를 좌우하겠느냐 말이요.

공기?

비슷하오. 저항이라고 말하겠소. 물체 자체에 낙하속도의 원인이 담긴 것이 아니지요.

저항이 얼마나 낙하속도에 영향을 주느냐가 관건입니다.

좀 다른 방법으로 낙하현상을 살펴볼 수도 있다.

자, 이것은 제가 만든 낙하 실험장치입니다.

물체가 빗면을 굴러 내려오는 것과 곧장 낙하하는 것은 다른 듯하지만 실제로 같은 것이에요. 물론 빗면 없이 낙하하는 실험장치도 생각했습니다만, 현실적으로 여러 가지 어려움이 있어서 이것으로 대체했지요.

갈릴레이가 고안한 실험장치는 대부분 무엇을 알아보려는 시도보다는 자신의 머릿속 가상실험을 확인하고 보여주기 위한 목적이 많았다.

갈릴레이의 유명한 경사면실험으로 들어가보자.

이상적인 가상의 빗면 실험장치는 빗면의 마찰저항이나 공기저항이 전혀 없다. 존재하는 것은 선으로 된 빗면과 쇠구슬뿐이다.

쇠구슬이 빗면을 굴러서

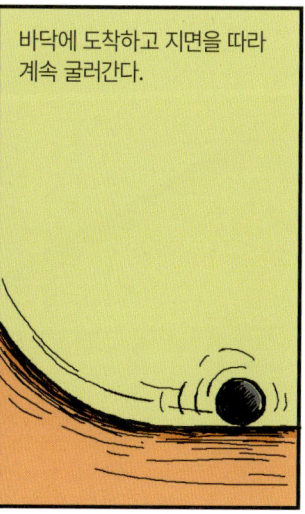

바닥에 도착하고 지면을 따라 계속 굴러간다.

실험은 간단하다. 이것이 전부이며 이 안에 진리가 숨어 있다.

그러니까…

뭔 소리야.

난 이해했어.

공기나 지면과의 마찰이 전혀 없는 상상의 실험조건에서 쇠구슬이 구르는 속도를 결정하는 요인은 무엇일까?

빗면을 굴러 내려가 바닥에 닿는 순간 쇠구슬의 속도를 측정할 것인데, 여타 실험조건을 달리해본다.

쇠구슬의 **질량**이 다른 경우.

질량이 다른 두 쇠구슬이 빗면을 굴러 바닥에 닿았을 때, 두 쇠구슬의 속도는 같았다.

빗면의 **기울기**가 다른 경우.

이처럼 빗면의 기울기가 확연히 다른 빗면들이 있다.
바닥에서 빗면 정상까지의 높이는 동일하다.

결과는? 바닥에 닿았을 때, 두 쇠구슬의 속도는 같았다.

빗면의 기울기에 대한 다른 실험을 해보자.

두 빗면의 기울기는 같지만,
바닥에서 빗면 정상까지의 **높이**가 다른 경우.

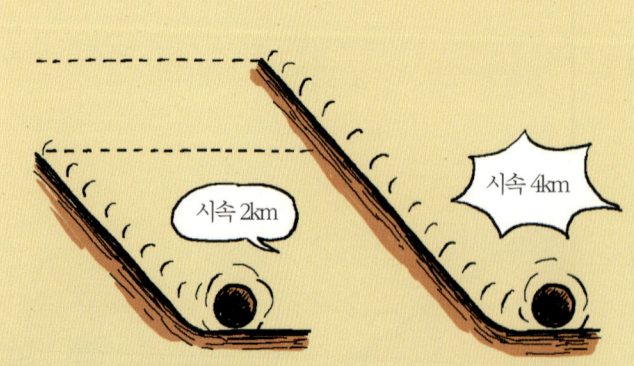

두 쇠구슬의 속도는 달랐다.
높은 빗면에서 굴러 내려온 쇠구슬의 속도가 더 빨랐다.

빗면 실험의 결과들 속에는 어떤 의미가 숨어 있을까?

쇠구슬이 빗면을 내려온 순간, 속도를 좌우하는 것은
쇠구슬의 질량도 빗면의 기울기도 아닌,
바닥과 빗면 정상의 높이 차이다.

물체가 낙하한 높이의 차이가 속도를 결정한다.

경사면의 높이가 같고 기울기가 다른 경우, 최종 속도는 동일하지만 과정의 차이점이 있다.

조금 있어 보이는 말로 다시 풀이해보자.

결론은, 지표면과 수직 방향으로 같은 높이만큼 떨어질 때 같은 속도를 낸다는 것.

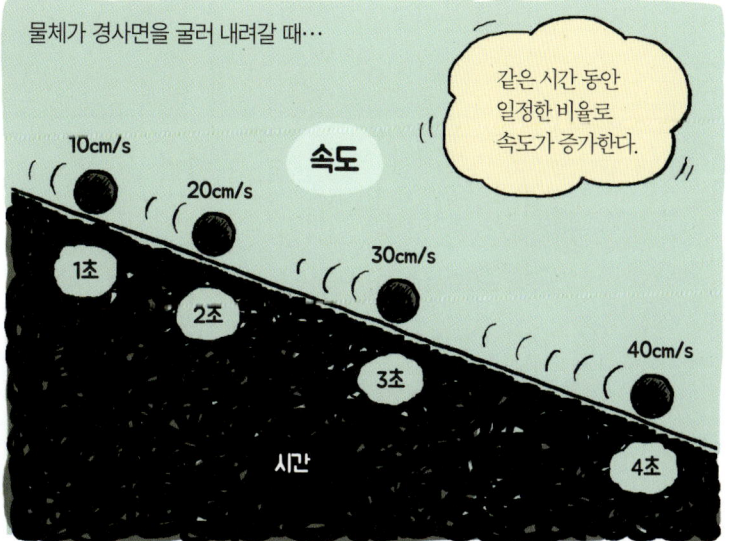

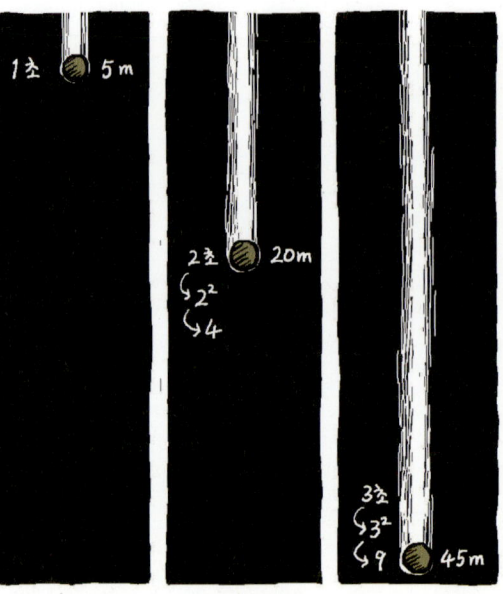

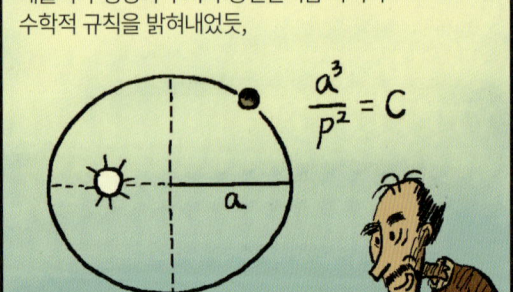

빗면 사고실험이 담고 있는 깨달음은 계속 이어져, 갈릴레이를 더더욱 오묘한 세계로 인도했다.

경사면의 끝에 완만한 내리막이 연결되어 있다.

이 경우 구르는 물체는 더욱 가속된다.
(가속도는 여전히 +)

이번에는 경사면의 끝에 오르막이 이어져 있다.

이 경우 구르는 물체는 감속된다.
(가속도 -)

그다음이 중요하다!

경사면의 끝에 내리막도 오르막도 아닌 경사도 0의 길이 나 있다.

이 경우 구르는 물체는 가속도 감속도 하지 않으므로…

'멈춘다.' 보통 사람이라면 이런 답을 내놓았을 것이다.

재미있네~

하지만 갈릴레이의 생각은 별났다.

가속도가 +도 이니고 -도 아니고 딱 중간값 0이다.
가속도가 0인 경우라면, 구르는 물체는 속도를 더하거나 잃지 않고 종전과 똑같은 속도로 움직인다.

이제 내려줘~   도힐 거 같아.

즉, 계속 굴러간다! 영원히…

경사면이 오르막으로 바뀌거나 내리막으로 바뀐다는 것은

힘이 가해진다는 의미이고

힘이 가해지지 않는다면

원래 속도를 계속 유지한다.

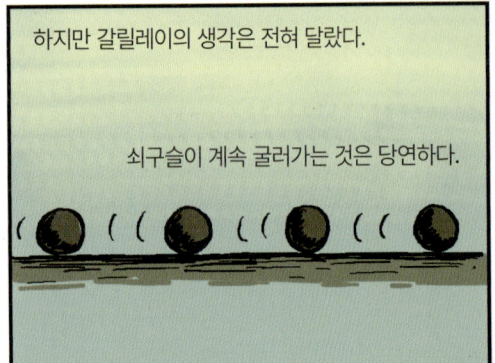

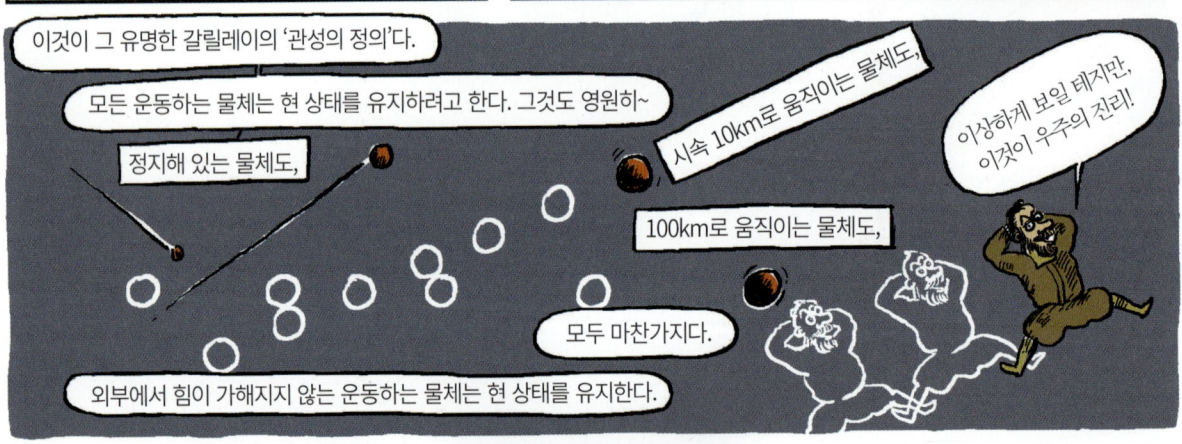

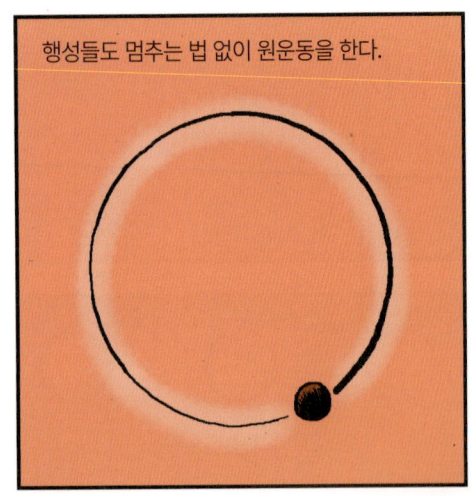

갈릴레이가 말하는 관성운동은 큰 스케일로 보면 결국 원운동이다. 그가 볼 때, 케플러가 말하는 태양이 행성들을 잡아당긴다는 힘마저도 있을 필요가 없다.

이러한 갈릴레이의 주장은 천체들이 등속으로 원운동을 한다는 기존의 천문학 상식을 그대로 답습하는 게 아닌가 싶은 인상을 주기도 한다. 하지만 그와 같은 행성운동의 이유로 관성이라는 물리법칙을 도입한 것은 참신하다.

*사고실험(thought experiment) : 실험에 필요한 조건을 단순하게 가정한 후 머릿속 생각으로 진행하는 실험으로, 많은 경우 이상적인 결과를 얻을 수 있는데 갈릴레이, 뉴턴, 아인슈타인이 이 방법을 탁월하게 이용했다.

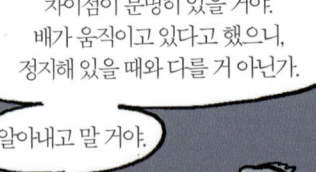

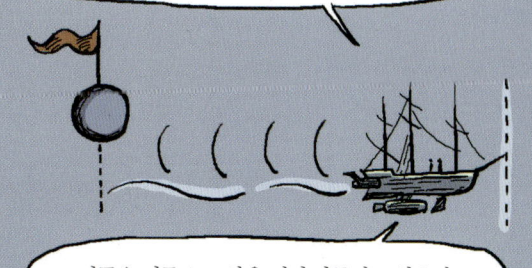

이렇듯 다양한 주장이 있을 테지만…

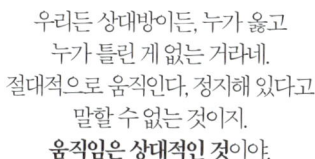

갈릴레이는 과거 수많은 철학자들이 지구가 움직인다는 것을 도무지 믿을 수 없게 만든 '움직임을 느낄 수 없는' 이유를 말하고 있다.

관성으로 등속운동을 하는 지구의 움직임은 '원래'부터 느낄 수 없는 것이오.

물체의 운동을 설명하기 위해서는 기준이 필요한데, 이것을 관성의 법칙이 성립하는 좌표계, 즉 ***관성계**라고 한다.

모든 관성계는 평등하다. 우리가 등속으로 움직이는 기차에 타고 있을 때나, 땅에 서 있을 때나 관성계는 평등한 것이다.

관성계와 구별되는 '비관성계' 또는 **가속도계**'라는 것이 있다. 정지상태에서 100킬로미터까지 가속하고 있는 차 안에 있다고 생각해보자. 이 경우는 관성계와 다른 상황을 경험할 수 있다.

관성의 법칙이 성립하는 관성계에서 물체는 언제나 똑바로 낙하한다.

가속도계에서 물체는 뒤로 쳐지며 아래로 떨어진다. 물리법칙이 관성계와 다르게 작용하는 것만 같다.

***관성계**(inertial frame) : 관성의 법칙이 성립하는 좌표계를 말한다. 관성계에서는 아무런 힘이 작용하지 않는 한 물체는 정지해 있거나 등속직선운동을 한다.
****가속도계**(비관성계, noninertial frame) : 관성계에 대하여 상대적인 가속도를 갖는 좌표계를 뜻한다. 비관성계에서 운동하는 물체는 원래의 힘 외에 가속도에 의해 생기는 겉보기힘(fictitious force)을 받는다.

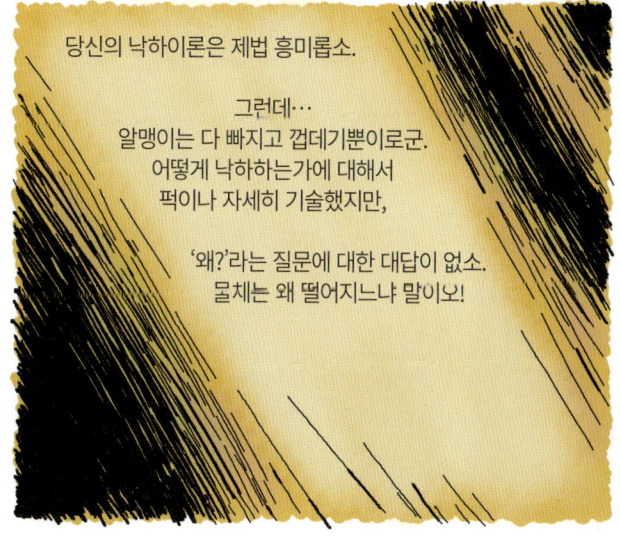

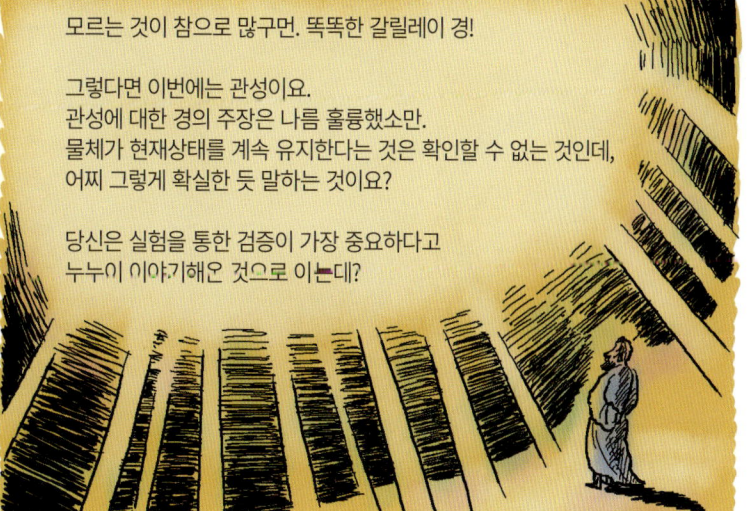

데카르트는 세상이 다채롭고 복잡해 보이는 이유에 대해 우리가 그렇게 보기 때문이라는 결론에 다다른다.

*르네 데카르트(René Descartes, 1596~1650) : 프랑스의 철학자로 근대 철학의 아버지로 불린다.

어떤 물체가 있다. 이 물체를 설명하기 위해서는 어떤 개념들을 동원해야 하는가?
색깔, 냄새, 맛, 질감, 온도, 소리, 크기, 무게 등이 있을 것이다.

우리는 색깔, 냄새, 무게와 같은 성질이 물질에 내재되어 있다고 생각한다.

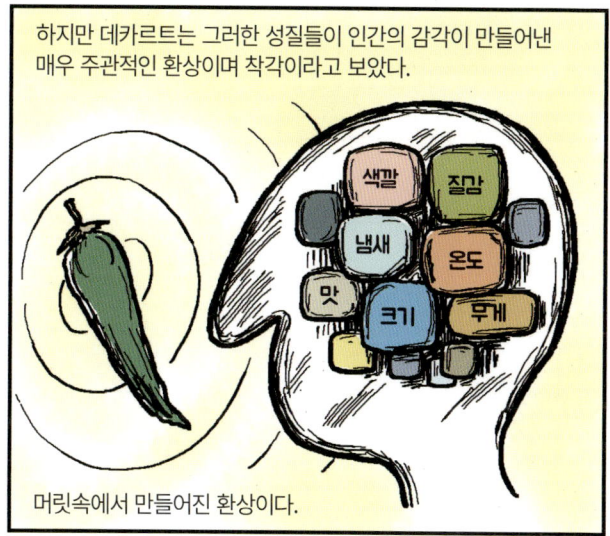

데카르트는 크기, 모양, 운동이 남는다고 생각했다.

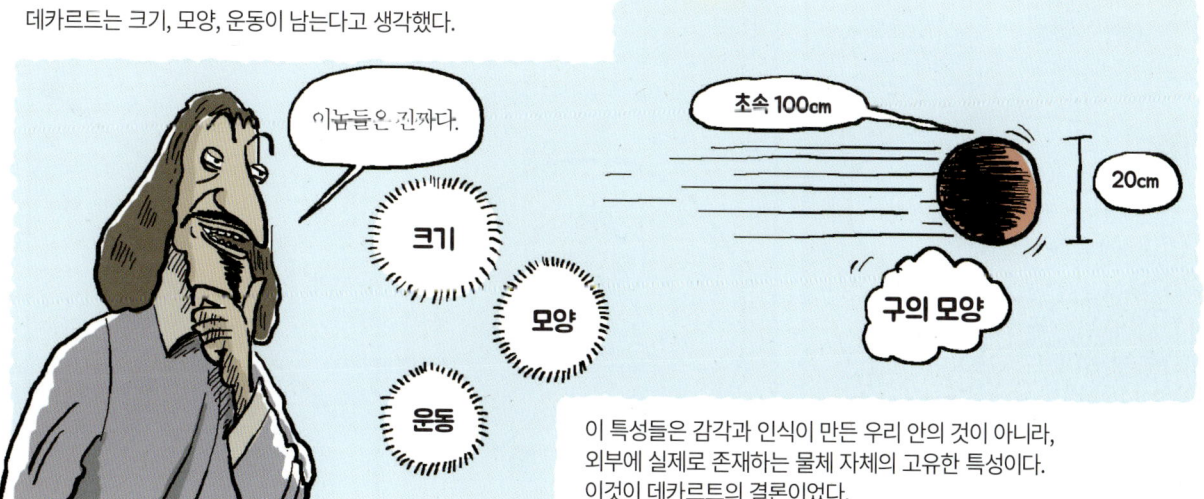

초콜릿과 오렌지가 맛이 다른 이유를 데카르트 방식으로 해석하자면,

초콜릿과 오렌지를 이루는 입자는 각각 크기와 모양이 다르고
초콜릿과 오렌지 입자들의 운동이 혀를 다른 방식으로 자극한다.

데카르트는 물체의 실제적인 특성 가운데 '운동'을 특히 구체적으로 정의한다.

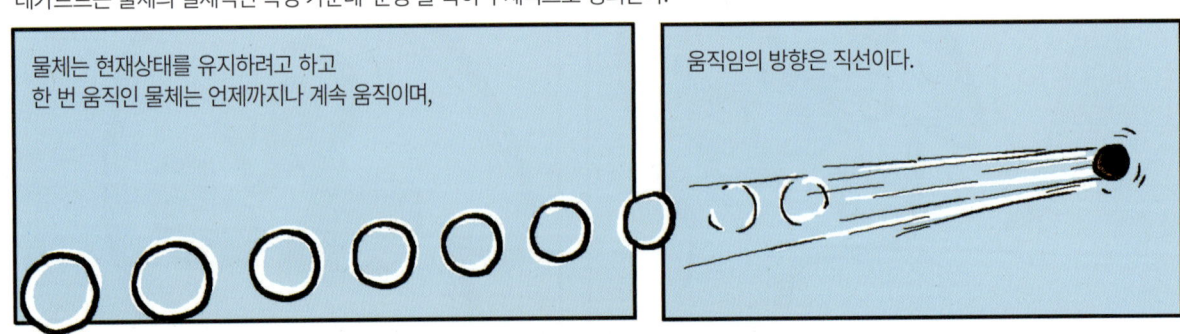

데카르트는 운동에 대한 더욱 심오한 통찰을 이끌어낸다.

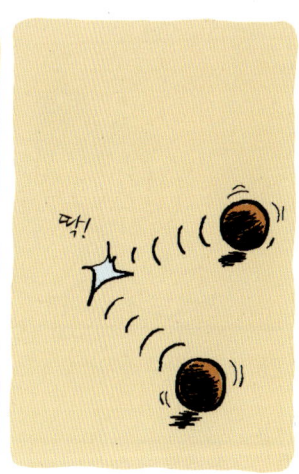

이로부터 내려지는 결론은 놀랍다. '우주 전체에서 운동의 총 양은 예나 지금이나 똑같고, 앞으로도 그럴 것이다.'

다시 정리하면,

관성으로 물질이 직선운동을 하다가

다른 물질과 충돌하면 운동은 전달되고

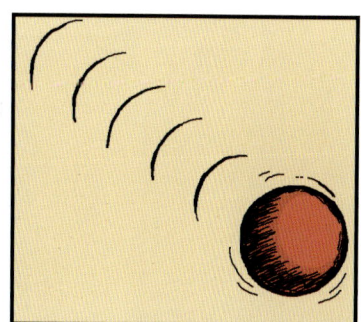

충돌이 없는 한 관성으로 운동은 영원히 계속된다.

179

다채롭고 복잡해 보이는 세상의 모든 현상은 따지고 보면 단순한 원리에서 출발해서 확장된 것에 불과하다.

혀끝에서 느껴지는 사탕의 달콤함부터

지구가 태양을 도는 현실까지

이것이 전부다.
데카르트가 말하는 간단명료한 우주의 원리.

어안이 벙벙.
……

근본적으로 다를 바 없는 단순한 원인을 가진다. 바로 **입자의 충돌!**

그렇다면 무게는 무엇인가?
물체의 고유한 특성(크기, 모양, 운동)에 무게는 포함되지 않는다.

무게 또한 색깔과 냄새처럼 우리 감각이 만들어낸 환상이란 말인가?

무겁지 않아~~ 환상일 뿐~

길버트와 케플러는 무게를 가진 물체들이 서로 끌어당기는 원리로 낙하현상을 설명했다.

'무게의 근본 이유는 물체 사이의 인력이다'라는 말에 대한 데카르트의 입장은?

말 만들기는 참 쉽지요. 철학질 참 편해…

저 인간이…!

데카르트는 갈릴레이와 마찬가지로 원격에서 잡아당긴다는 것에 거부감을 가졌고 낡은 시대의 마술쯤으로 치부했다.

데카르트 이놈~~
그렇다면 왜 물체가 무거우며 왜 아래로 낙하하는지 네놈의 뚫린 입으로 말해봐라!

데카르트가 생각하는 무게와 중력이 무엇인지 알아보자.

우주는 한 치의 여백도 없이 미세물질로 가득 차 있다.

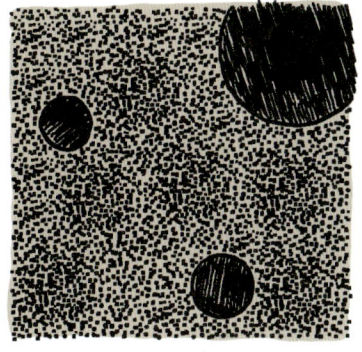

지구를 둘러싸고 있는 미세물질이 회전하는 지구보다 빠르게 회전한다.

이로 인해 미세물질은 지표면에서 멀어지는데,

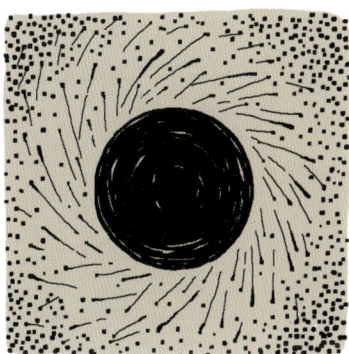

그 결과로, 미세물질은 물체와 위치를 바꾸고

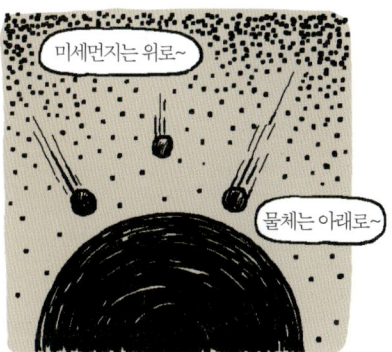

미세먼지는 위로~

물체는 아래로~

물체의 낙하현상과 무게를 유발시킨다.

행성이 태양 주위를 회전하는 이유는?

태양 주변에서 미세물질의 거대한 와동이 형성된다.

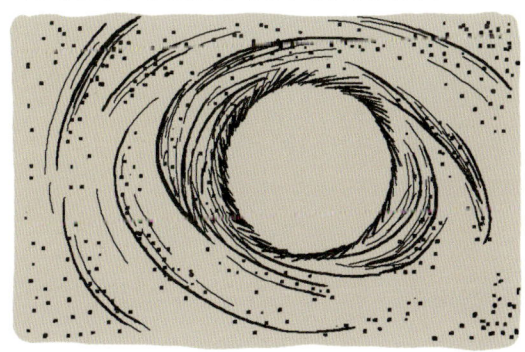

와동으로 인해 행성들이 태양을 돈다.

지구 위에서 물체가 낙하하고, 지구가 태양을 도는 이유는 미세물질들의 운동과 충돌 때문이다.
각각의 현상들이 규모의 차이만 있을 뿐, 결국 물질 간 운동과 충돌의 결과로 무게에 대한 설명이 가능한 것이다.

GRAVITY EXPRESS CHAPTER 07

맞다, 끌어당긴다!
뉴턴이 끝내다

과학혁명은 영웅들로 구성된 팀이 바통을 다음 주자에게 넘기며 달리는 계주경기일지도 모른다.
바통은 코페르니쿠스, 케플러, 갈릴레이, 뉴턴 순으로 넘겨졌다.
과학혁명은 아리스토텔레스주의 우주론의 폐기나 파괴일 수도 있다.
갈릴레이와 데카르트의 맹공으로 비틀대던 아리스토텔레스 세계관은 뉴턴이 책을 발간한 1687년에 결국 종말을 고했다.
— 데이비드 굿스타인

어두운 적막이 드리워 있는 곳에서 어떤 이가 서 있다. 그 사람은 자갈밭에 서 있다는 것도 느끼고 있다. 그 위인은 수많은 자갈 중에 어떤 것이 진주인지를 알 수 있는 마법의 감각을 지니고 있다. 수천 년간 이어져 온 중력의 미스터리, 왜 지상의 물체는 아래로 떨어지는데 천체들은 공간에 떠 있는가? 이 지독한 수수께끼에 대한 답은 이미 선대 학자들의 말 속에 퍼즐조각처럼 존재하고 있었다. 이 천재는 조각들을 올바르게 꿰어맞춘 뒤에 아름다운 수학으로 마무리했다. 그의 답안은 명쾌하고 단순했다. 낙하현상을 포함한 우주의 운동들은 관성과 질량체 사이의 끌어당기는 힘만 고려하면 그의 수식에 따라 다 설명된다. 우주는 천상과 지상, 두 세상이 아닌 단 하나의 세상이며, 오로지 하나의 법칙에 의해 돌아간다. 이 법칙을 안다면 우주의 모든 운동을 설명하고 예측할 수 있다.

영국이 대규모로 번진 *전염병으로 어수선하던 시기에 **뉴턴은 다니던 케임브리지대학을 떠나와 고향 울즈소프에서 1년을 보낸다. 이 시기는 후대에 '기적의 해'로 불리는데, 그렇게 기념되기에 충분할 정도로 큰 발견을 뉴턴이 해낸다.

왔구나! 우리 아들~

어머니…

빛에 대한 고찰.

아이고, 침침해라. 이렇게 어둡게 해놓고 뭐하는 거니?

후일 미적분으로 알려진 새로운 수학.

그리고 **만유인력**.

만유인력에 대한 뉴턴의 생각 속으로 들어가보자.

*당시 영국 전역에 퍼진 흑사병(pest)으로 대학들은 한동안 문을 닫아야 했다.　****아이작 뉴턴**(Issac Newton, 1643~1727) : 물리학과 수학에 큰 업적을 남긴 근대 과학의 선구자.

지면과 수평 방향으로 물체를 던질 때 앞으로 나가는 속도의 크기는 다를지언정 공통점이 존재한다.

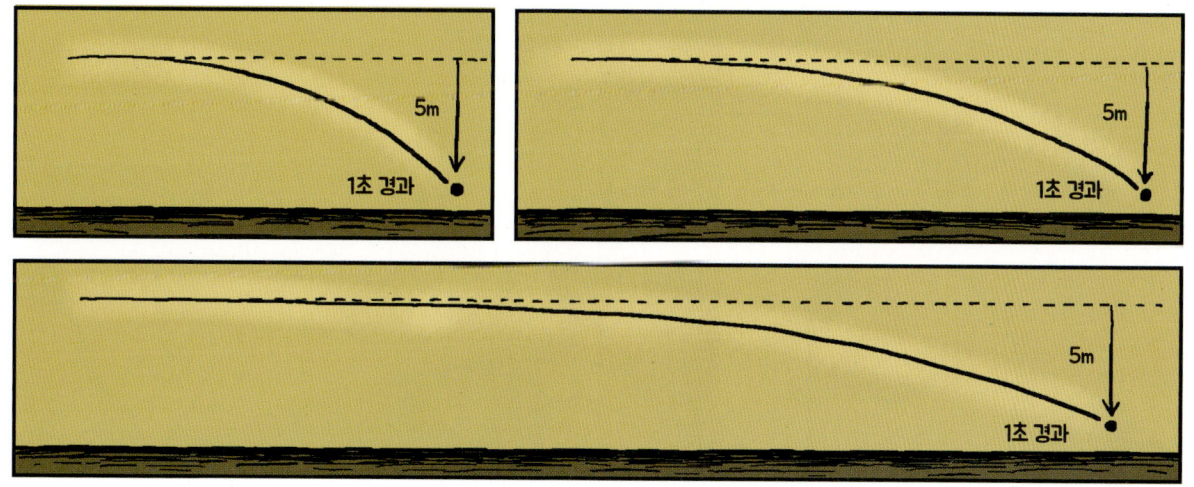

모든 경우에 낙하속도의 양상은 동일하다. 같은 시간 동안 아래로 같은 거리만큼 떨어진다.

그런데 뉴턴은 땅이 평평하지 않고 **휘어 있다**는 점을 생각한다. (지구는 둥그니까.)
수평 방향으로 날아가는 물체가 충분히 빠르기만 하다면 공중에 머물러 있는 시간이 길어질 수 있다.

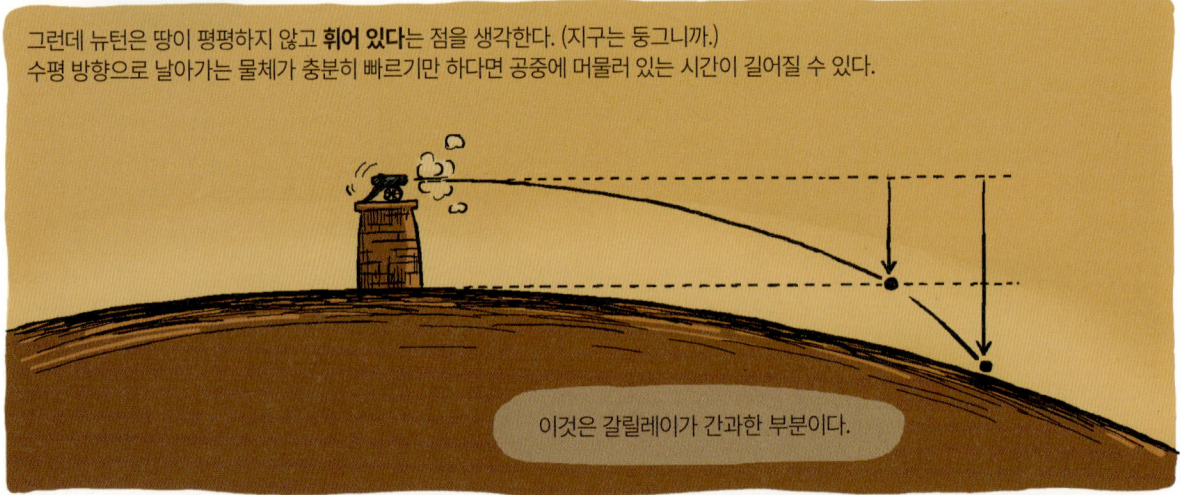

물체가 공중에 떠 있는 시간은 늘어날 수밖에 없다.
날아가는 물체에서 보면, 땅(바닥)은 아래로 자꾸 꺼져간다.

속도가 빠를수록 바닥에 닿을 때까지의
시간 지연은 확연히 나타난다.

낙하현상 외에 젊은 시절 뉴턴이 품고 있던 물리적 관념들을 살펴보자.
뉴턴의 젊은 날 관념들은 새롭게 만들어졌다기보다는 여기저기 흩어져 있는 아이디어들 중에 어떤 것을 선택하느냐로 시작되었다.

첫째, 관성에 대해서

뉴턴은 데카르트의 관성 개념을 선택한다. 물체는 현재상태와 속도를 계속 유지한다. 외부의 힘이 영향을 주지 않는 한, 운동은 직선 방향으로 향한다.

둘째, 태양 주위를 돌고 있는 행성들에 대해서

뉴턴은 놀랍게도, 허공을 사이에 두고 끌어당기는 힘이 작용한다는 케플러의 이론을 선택한다.

인력 개념은 당시 생각을 좀 하고 산다는 사람들에게 아무런 근거 없는 구시대적 마술사상으로 치부되고 있었다. 충분히 그렇게 인식될 법하다.

복잡미묘했던 뉴턴의 사고방식을 전부 알 수는 없지만, 당시 많은 시간을 연금술에 빠져 지냈던 그였기에 이런 선택이 따르지 않았나 싶기도 하다.

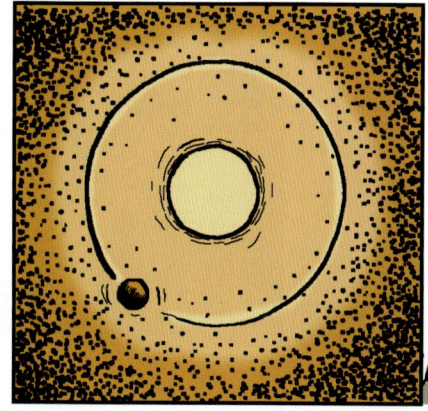

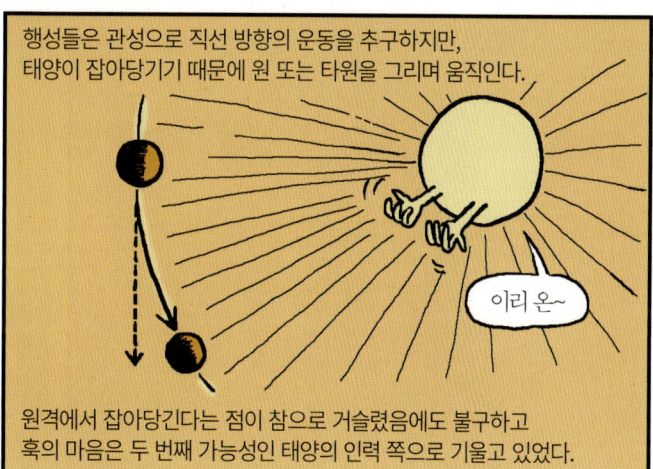

*로버트 훅(Robert Hooke, 1635~1703): 영국의 물리, 화학 천문학자.

뉴턴과 로버트 훅이 인력에 대한 가능성을 떠올린 이유는 단순하다. 그들이 관성의 법칙에 대해서 데카르트의 생각을 받아들였기 때문이다.

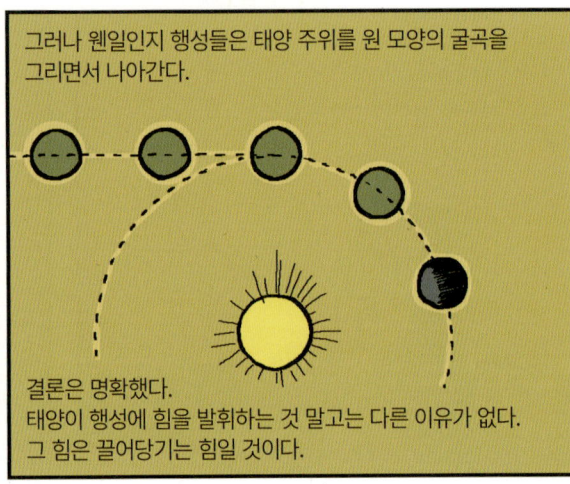

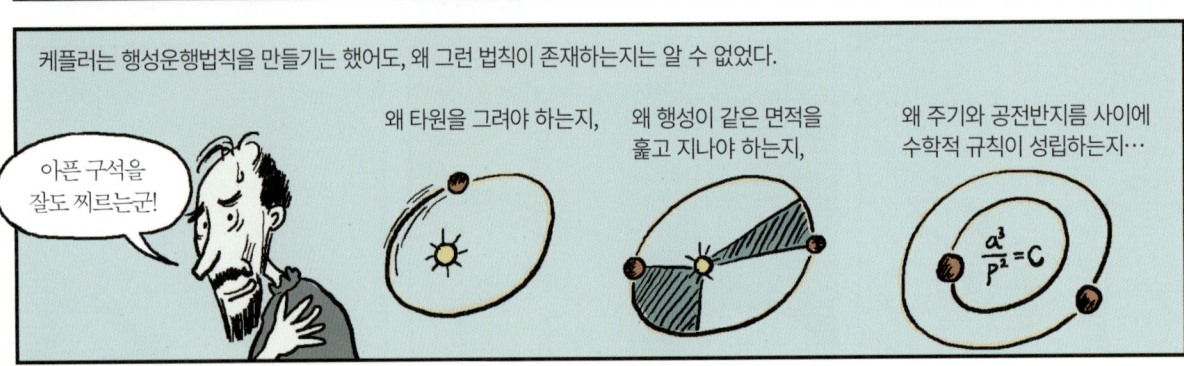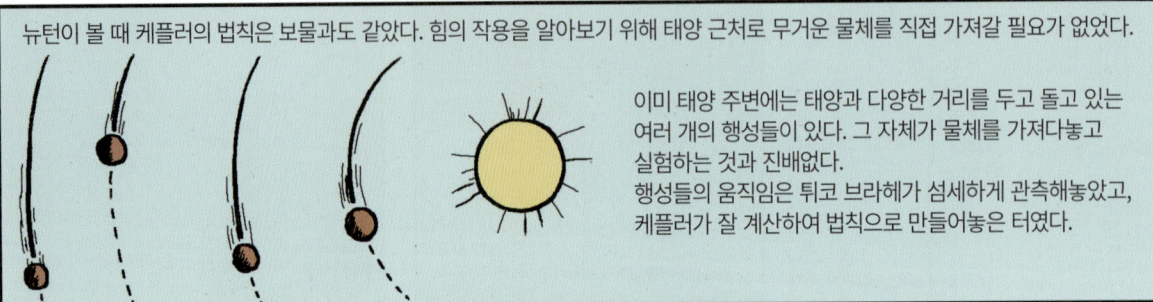

***유율법**(fluxions) : 미적분(calculus)이라는 용어가 익숙할 텐데, 같은 의미를 갖는 수학의 한 분야다. 기하학이 모양에, 대수학이 연산에 대한 분야라면 미적분은 변화에 중점을 두고 있다. 뉴턴과 라이프니츠는 거의 동시에 미적분을 세상에 알렸는데, 뉴턴은 운동을 분석하는 과정에서, 라이프니츠는 곡선의 접선을 찾는 과정에서 미적분을 발견했다.

태양과 행성들 간의 거리의 제곱에 반비례하는 공식의 수학적 귀결이 케플러의 제1, 2, 3법칙이라는 놀라운 성과를 거둔 것이다.

뉴턴은 짜릿한 승리감을 느끼면서도 무언가 2퍼센트 부족한 느낌을 지울 수 없었다.

확실한 끝내기 펀치가 필요해!

오래전 생각을 다시금 떠올렸다. 울즈소프의 사과나무 아래에서 뇌리를 스쳤던, 사과를 힘껏 던진다면 지구를 영원히 돌 거라는 생각.

뉴턴의 기막힌 계획은 이러했다. 케플러의 행성운행법칙을 증명해낸 인력법칙을 이번에도 사용한다.

그다음이 중요하다.

달과 동일한 높이에 올려놓은 사과가 단위시간 동안 얼마나 낙하하는지를 계산한다.

계산으로 나온 이론적 낙하거리를 동일시간 동안 달이 실제로 낙하하는 거리와 비교한다.
(뉴턴은 달이 낙하하고 있다고 가정하고 있었다.)

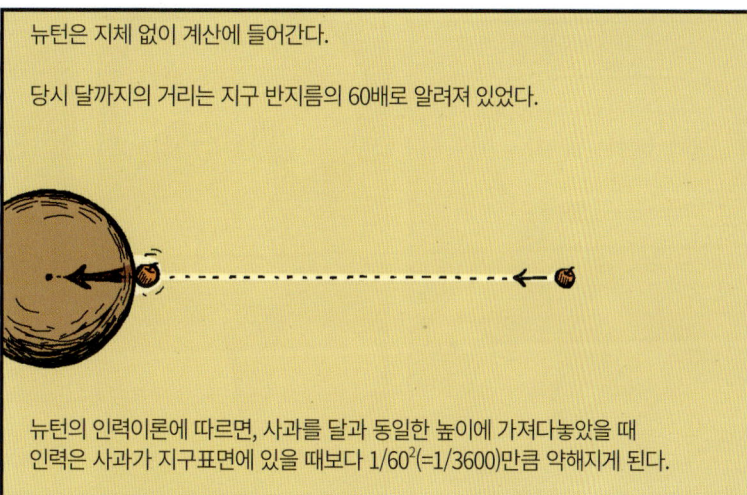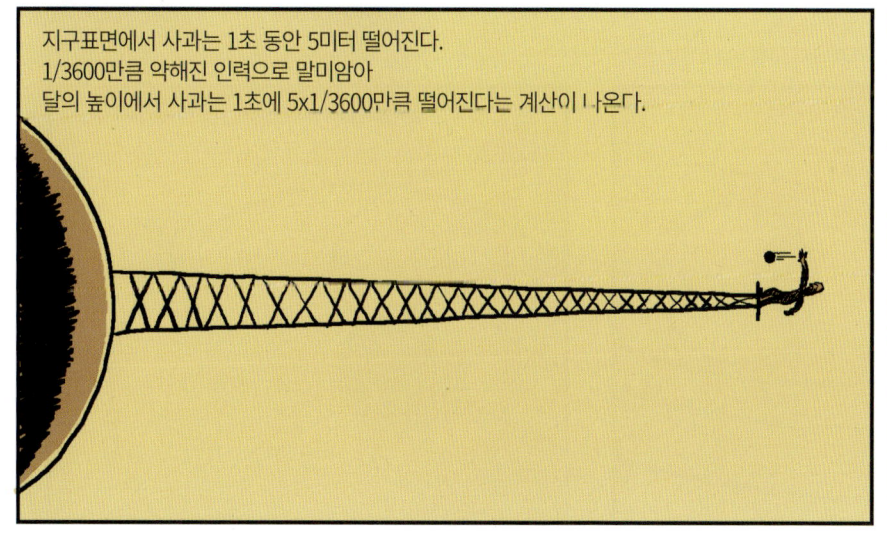

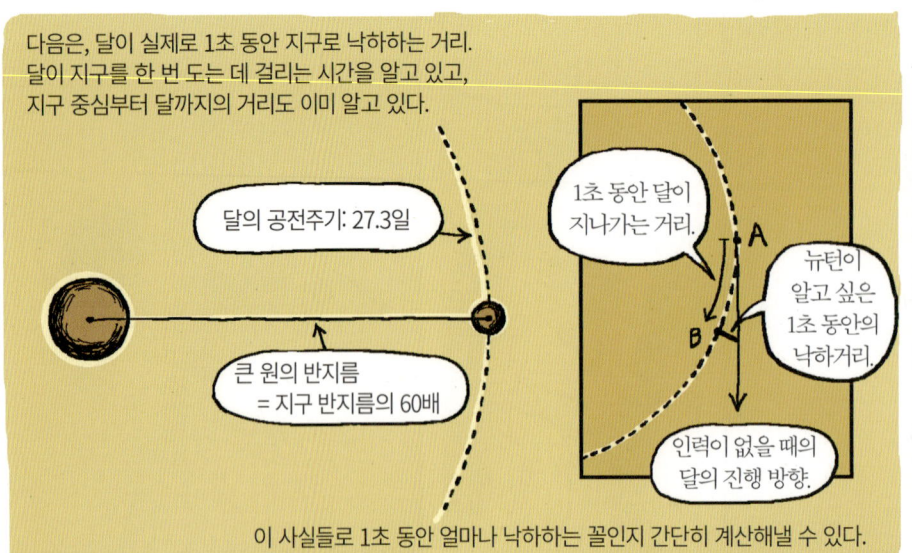

상상 이상으로 엄청난 깨달음을 가져올지 모를 순간이다.

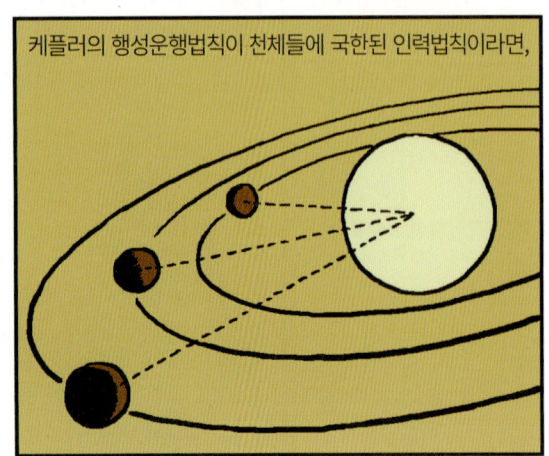
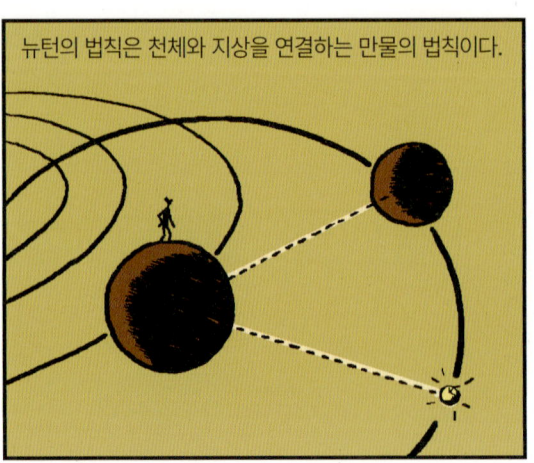

뉴턴은 낙담했고, 혹시나 모를 방법상의 문제를 찾기 위해 수차례 검토했다.

어느 날, 뉴턴은 로버트 훅이 '중력은 거리의 제곱에 비례하여 약해진다'는 이야기를 했다는 소식을 듣게 되고, 시기심을 느낀다.

오히려, 에드먼드 *핼리가 뉴턴을 찾아온 것이 중요한 기폭제가 된다.

선생님, 여기 보세요. 케플러의 제3법칙이, 중력이 거리의 제곱에 비례해서 약해진다는 것을 증명하는 계산결과입니다.

그렇지만 자신의 연구결과를 세상에 내놓을 정도로 마음이 흔들리지는 않았다.

뉴턴 쌤-
헤헤

당연히 뉴턴은 핼리가 하는 말의 의미를 단번에 알았다.

뉴턴은 핼리의 눈앞에서 담담하게 그 풀이법을 보여준다. 그것도 너무나 간단하게…

그런데 문제는요. 중력에 의해서 행성이 어떤 궤적으로 도는가 하는 것인데…이걸 잘… 모르겠단 말이지요.

뉴턴 선생님의 고명한 소견을…

엥?

싹싹
싹싹

*에드먼드 **핼리**(Edmund Halley, 1656~1742) : 핼리 혜성으로 유명한 영국의 천문학자.

그렇다고 뉴턴이 사람들과의 인연을 끊고 수행자처럼 지낸 것은 아니다.

누가 자신의 연구를 빼앗아갈까 항상 불안에 떠는 한편,

자신에게 도전하는 자에게는 자비를 베풀지 않았으며

강한 권력욕을 보이기도 했다.

뉴턴은 유명해진 후 오늘날의 ***재무장관**쯤 되는 자리에 오른다. 그는 자신에 대한 사람들의 평가를 여전히 신경쓰며 노심초사했다.

"날 헐뜯나…? 모함하나… 칭찬하나?"

위조 지폐범은 가차 없이 처형하는 잔인함을 보여줌과 동시에

"살려주세욧!"

대중 앞에서 무한한 겸손함을 표현하기도 했다.

"난 거인들의 어깨 위에서 조금 멀리 보았을 뿐이오."

"잘 보이지?" "음…"

"난 바닷가에서 조약돌이나 조개껍질을 줍는 어린아이에 불과하오."

"거인 아저씨. 나 득템했어~"

다시 뉴턴과 핼리의 만남으로 돌아가보자.
우리는 핼리에게 기립박수를 쳐줘야 한다.
그는 뉴턴을 설득하는 것을 절대 포기하지 않았다.

"책 내자니까요!"

"책!"

"책~~~~~~"

＊정확히 표현하면 조폐국장이다. 뉴턴은 공직에서도 훌륭한 능력을 보여주었으며, 동료 과학자들이 높은 공직에 오르도록 도와주기도 했다.

* **프린키피아(Principia)** : 원제는 '자연철학의 수학적 원리(Philosophiæ Naturalis Principia Mathematica)'이다. 총 세 권으로 구성되는데 1권, 2권에서는 운동의 법칙들에 대해서 말하고, 3권에는 유명한 만유인력의 법칙이 나온다. 이 책을 통해 뉴턴은 근대 역학을 완성시켰다.

중력에 무척이나 흥미를 느껴왔기에, 호기롭게 책까지 쓰자고 마음먹었지만, 나는 물리에 관한 한 일반인의 지식을 가진 사람에 가까웠다. 예상은 했지만, 쌓여가는 어려움에 머리가 아프기 시작했고, 급기야 물리 선생님에게 도움을 요청하기에 이르렀다.

맞는 말이다. 윤 선생님은 가장 이해하기 쉽도록 설명하고 있었다. 언어가 다를 뿐. 수학이라는 언어….

총 세 권으로 구성된 《프린키피아》의 제3권에는 그 유명한 만유인력이 담겨 있다.

이 책에서는 가급적 수식을 쓰지 않지만, 만유인력의 수식은 살펴볼 필요가 있다.

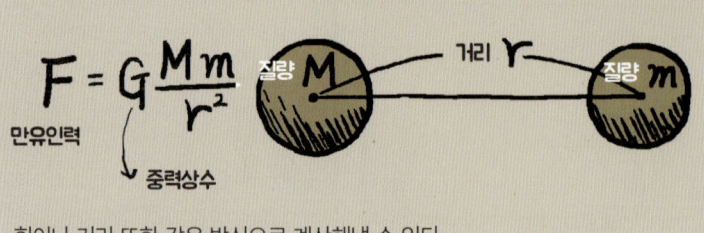

두 물체가 있을 때 서로 끌어당기는 힘을 알고, 물체 사이의 거리를 알고, 한 물체의 질량을 안다면, 나머지 한 물체의 질량은 간단한 계산으로 알 수 있다.

힘이나 거리 또한 같은 방식으로 계산해낼 수 있다. 이것이 이 공식이 가지는 탁월함이다.

무엇보다, 만유인력법칙의 계산기로써의 기능보다는

그 이면에 숨겨진 비밀에 집중해보자. 가능하면 편견을 걷어내고 수식 자체만을 곰곰 살펴보려고 한다.

물체의 질량을 말하는 M, m은 곱하기로 연결되어 있다.

$$F = G\frac{M \times m}{r^2}$$

2×3, 3×2, 두 경우 값은 동일하게 6이다. 숫자의 순서가 바뀌어도 곱의 값은 똑같다.

$$2 \times 3 = 3 \times 2 = 6$$

$Mm = mM$

이는 만유인력의 크기가 질량의 어느 쪽에서나 같다는 의미를 내포한다. 똑같은 힘으로 잡아당긴다!

$F_1 = F_2$

지구가 사과를 잡아당기는 힘이나,

사과가 지구를 잡아당기는 힘이나 똑같다.

무시하지 마! 나도 힘이 세다구!

뉴턴은 그 근본적 이유를 《프린키피아》 제1권에서 설명한다. 작용-반작용이라는 전 우주적 법칙에서 기인한다고 말이다.

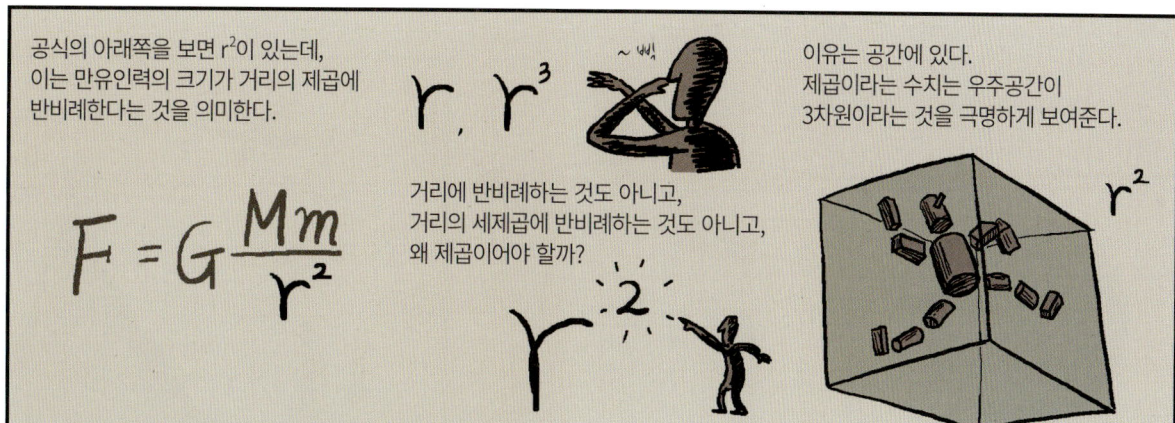

공식의 아래쪽을 보면 r^2이 있는데, 이는 만유인력의 크기가 거리의 제곱에 반비례한다는 것을 의미한다.

거리에 반비례하는 것도 아니고, 거리의 세제곱에 반비례하는 것도 아니고, 왜 제곱이어야 할까?

이유는 공간에 있다. 제곱이라는 수치는 우주공간이 3차원이라는 것을 극명하게 보여준다.

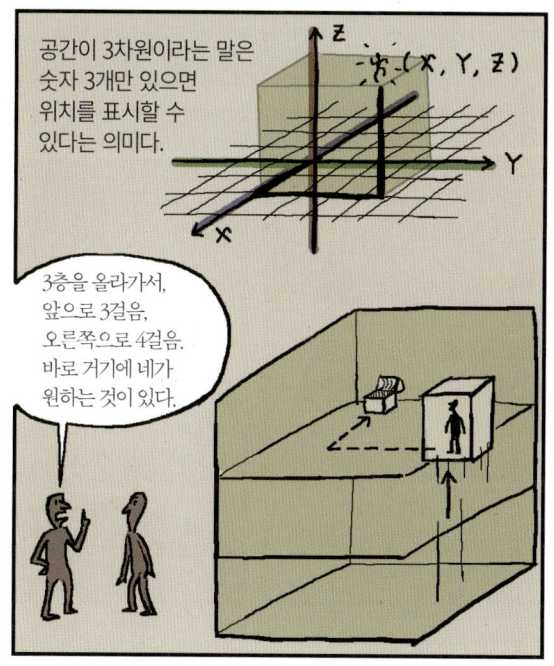

공간이 3차원이라는 말은 숫자 3개만 있으면 위치를 표시할 수 있다는 의미다.

3층을 올라가서, 앞으로 3걸음, 오른쪽으로 4걸음. 바로 거기에 네가 원하는 것이 있다.

숫자 1개로 표시할 수 있는 1차원 공간에서는 거리에 관계없이 모든 위치에서 중력의 크기가 같을 것이라 예상할 수 있다.

숫자 2개로 표현되는 2차원 공간은 평면을 떠올리면 된다. 2차원 우주에서는 2배 멀어지면 중력의 범위가 2배만큼 커지고, 3배 멀어지면 3배만큼 커진다. 즉 중력은 거리에 반비례한다.

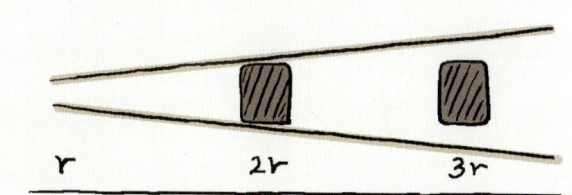

그런데 3차원 공간에서는 거리가 2배, 3배 멀어질 때 중력이 미치는 면적이 각각 $4(2^2)$, $9(3^2)$만큼 커진다. 3차원 공간에서는 중력의 크기는 **거리의 제곱에 반비례**한다.

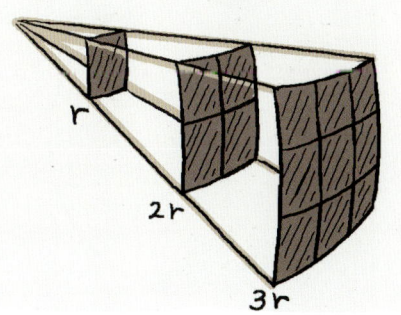

수식은 그 자체를 뜯어보는 것만으로도 새로운 것을 생각하게 하는 힘이 있다. 글과 말에는 감정가 주관이 포함되어 있지만 숫자는 다르다. 뉴턴 이후로 자연철학에 있어서는 숫자로 자연을 설명하는 것이 대세가 된다.

요즘 이론물리학자들은 모두 피타고라스의 후예들.

나만 믿고 따라와.

그렇다면, 만유인력이 말하는 무게의 실체는 무엇일까?

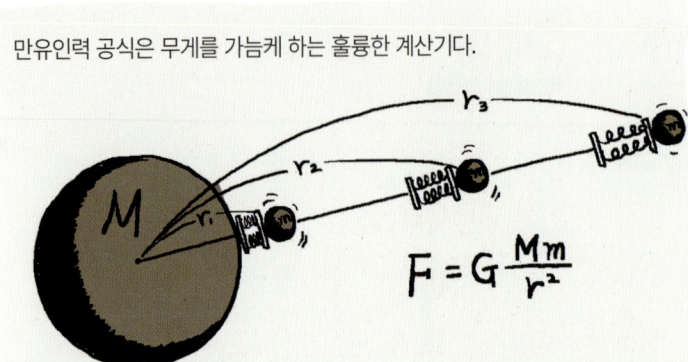

만유인력 공식은 무게를 가늠케 하는 훌륭한 계산기다.

$F = G \dfrac{Mm}{r^2}$

만유인력 공식에 따르면, 동일한 물체가 지표면에서 수직 방향으로 얼마만큼의 높이에 있을 때, 정확히 그때의 무게를 계산해낼 수 있다.

물체를 높이 올려다 놓을수록 무게는 거리의 제곱만큼 작아질 것이다.

만유인력은 무게가 작아질 뿐이지 절대 사라지지 않는다는 것도 알려준다.

천체의 상공 어디까지 무게가 존재하는가란 질문은 과거의 유물이 된다.

달까지?

뭐!
어쩌라고!

또한 같은 물체라도 지구가 아닌 다른 천체에 가져간다면 무게는 달라질 수 있다.

가볍~

지구보다 질량이 작은 달에 물체를 가져가면 무게는 작게 측정된다. 만유인력은 질량에 따라 달라지는 상호작용의 결과이기 때문이다.

달에서는 나도 마이클 조던!

지금까지 만유인력으로 무게의 변화를 설명했다.
그런데 무게를 설명하는 데 있어서 만유인력이 전부가 아니다. 무게를 변화시키는 외적 요인이 존재한다.

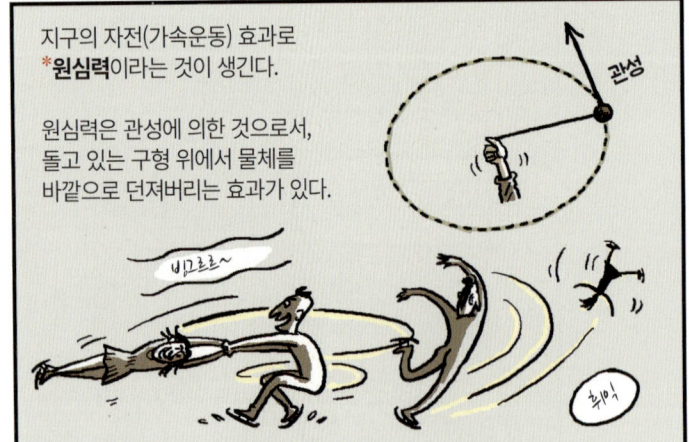

지구의 자전(가속운동) 효과로 *원심력이라는 것이 생긴다.

원심력은 관성에 의한 것으로서, 돌고 있는 구형 위에서 물체를 바깥으로 던져버리는 효과가 있다.

관성

비그르르~
휘익

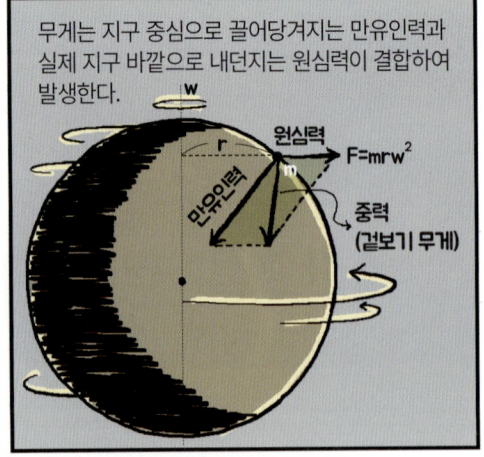

무게는 지구 중심으로 끌어당겨지는 만유인력과 실제 지구 바깥으로 내던지는 원심력이 결합하여 발생한다.

원심력 $F = mrw^2$
중력 (겉보기 무게)

*원심력: 가속운동하는 물체에 나타나는 가짜힘으로 힘의 평형조건을 만족시키기 위해 도입된다. 원심력의 실제 방향은 타원의 접선 방향이다.

그런데 무게라는 것은 그 이상으로 변화할 여지가 많다. 천체의 자전 효과보다 무게에 훨씬 지대한 영향을 끼치는 것이 있다.

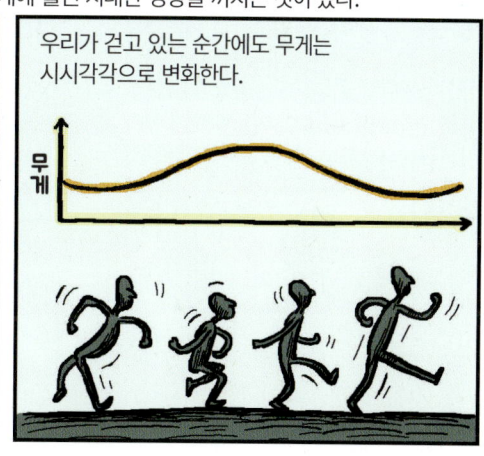

이제, 《프린키피아》 제1권에 있는 '뉴턴의 3가지 역학법칙'을 살펴보자.
두 번째 법칙을 먼저 보자. '가속도의 법칙. **F = ma**'

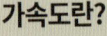

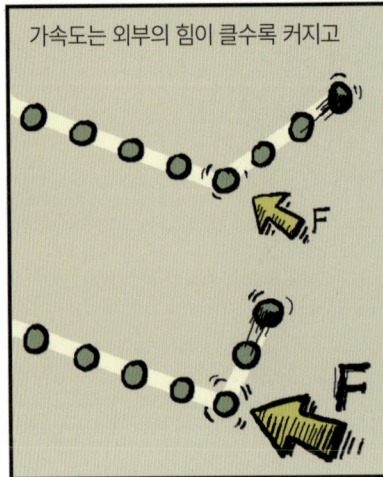

가속도의 법칙 식을, 이번에는 질량을 중심으로 변형해보자. 질량은 만유인력의 법칙에도 나왔고 여러모로 흥미로운 개념이다.

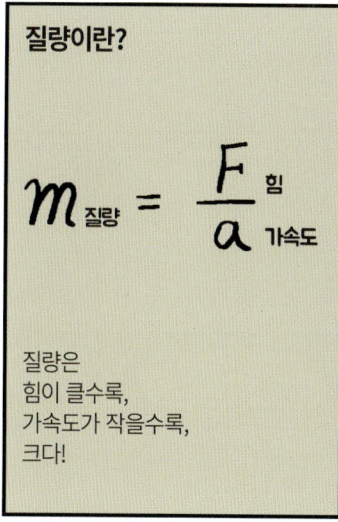

질량이란?

$$m_{질량} = \frac{F_{힘}}{a_{가속도}}$$

질량은
힘이 클수록,
가속도가 작을수록,
크다!

A와 B, 두 물체가 있다. 같은 가속도를 내기 위해서 A 물체보다 B물체가 2배의 힘이 들었다면?

B가 2배 힘들던데요.

그렇다면, B물체의 질량이 A물체보다 2배 큰 것이다.

이번에는 같은 힘으로 두 물체를 밀어보자.

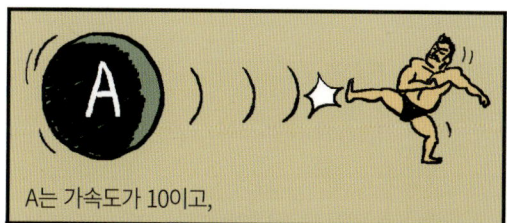

A는 가속도가 10이고,

B의 가속도는 5라면,

분명히 똑같은 힘으로 밀었답니다.

이 경우, B물체의 질량이 A물체의 질량보다 2배 크다는 말이다.

이처럼, 가속도의 법칙은 질량을 정의하는 법칙이기도 하다. 가속도의 법칙에서 말하는 질량이란 **'얼마나 저항하느냐'**를 의미한다. 자신의 운동상태를 유지하려는 저항력이 셀수록 질량이 크다.

지금까지 살펴본 내용들이 어쩌면 당연한 것들을 잘 포장해놓은 것이라고 생각할 수도 있겠지만, 실상은 전혀 그렇지가 않다.
뉴턴의 제2역학법칙인 '가속도의 법칙'에는 이전에는 없었던 혁신적이면서두 당황스럽기 그지없는 뉴턴의 생각이 깃들어 있다.

가속도는 질량과 힘의 크기로 구하고,

가속도?
저 친구들한테 물어보슈~

질량은 가속도와 힘의 크기로 구하고,

질량?
저쪽에 가서 알아봐.

힘은 질량과 가속도로 구하고,

힘?
난 모른대두! 저기 두 양반한테 가봐요.

돌고 돈다.

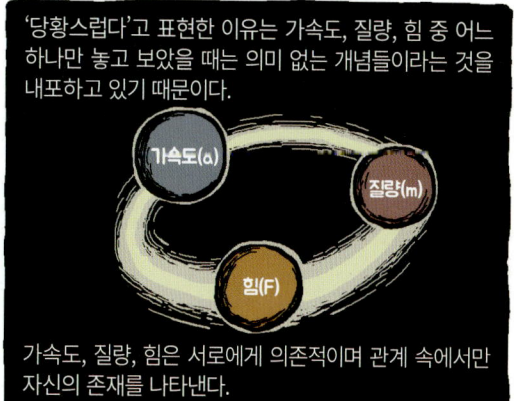

'당황스럽다'고 표현한 이유는 가속도, 질량, 힘 중 어느 하나만 놓고 보았을 때는 의미 없는 개념들이라는 것을 내포하고 있기 때문이다.

가속도, 질량, 힘은 서로에게 의존적이며 관계 속에서만 자신의 존재를 나타낸다.

뉴턴의 제1법칙은 '관성의 법칙'이다. 물체는 외부에서 힘이 작용하지 않는 한 정지상태나 운동상태를 그대로 유지한다는 것이다.

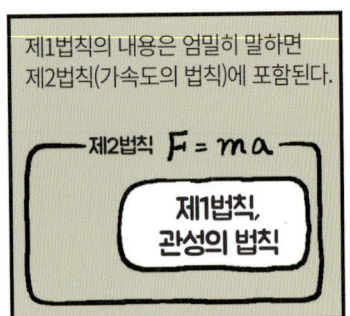
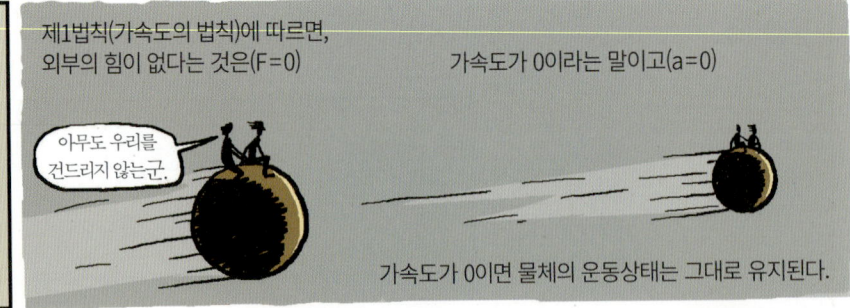

작용-반작용의 법칙에 위배되지 않으면서 움직일 방법이 없는 것은 아니다.

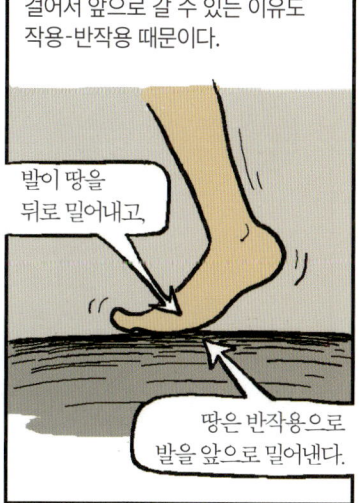

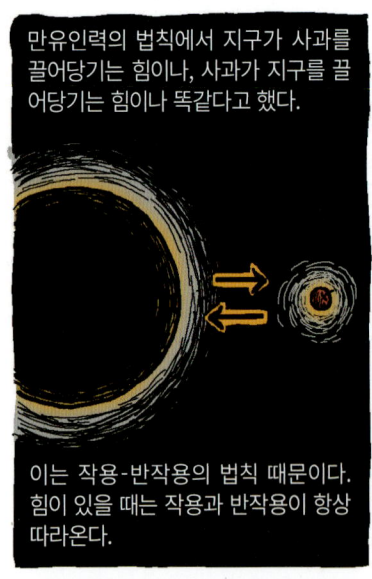

만유인력의 법칙에서 지구가 사과를 끌어당기는 힘이나, 사과가 지구를 끌어당기는 힘이나 똑같다고 했다.

이는 작용-반작용의 법칙 때문이다. 힘이 있을 때는 작용과 반작용이 항상 따라온다.

여기서 잠깐, 혼동하지 말아야 할 것이 있다.

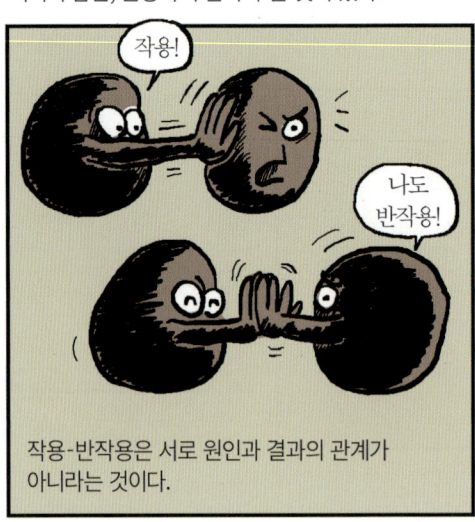

작용-반작용은 서로 원인과 결과의 관계가 아니라는 것이다.

작용과 반작용은 **동시**에 작동한다.

여기까지가 뉴턴이 정립한 중력과 물체의 운동에 대한 이론이다.

뉴턴은 아낙시만드로스, 피타고라스, 플라톤에서부터 케플러, 갈릴레이까지 이어졌던 환상의 로망을 완성시키고야 말았다.

이들의 바람은 숫자로 쓰인 신의 의중을 파악하는 것이었으며, 지상과 천상을 망라하여 말이 되는 한 가지 원리를 밝히는 것이었다.

케플러와 갈릴레이는 그 답에 매우 근접했었다.

케플러는 지상의 원리를 천상까지 확대해서 적용해보려 했고,

갈릴레이는 천상의 언어로 여긴 숫자로 지상의 낙하현상을 설명하려고 했다.

이들의 마음속에는 각각의 공간에 따라 각기 다른 법칙이 있는 게 아니라, 하나의 법칙만이 존재할 것이라는 강한 심증이 있었음에 분명하다.

하지만 그 대장정에 마침표를 찍은 사람은, 뉴턴이었다.

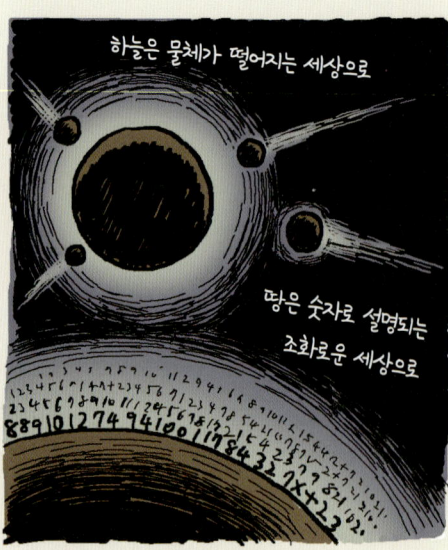

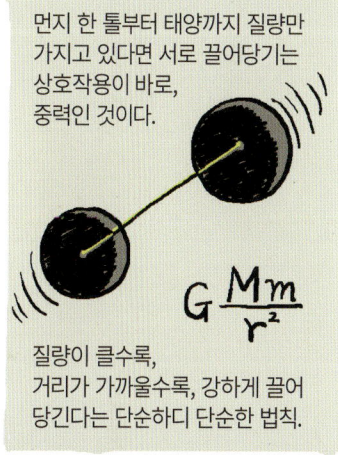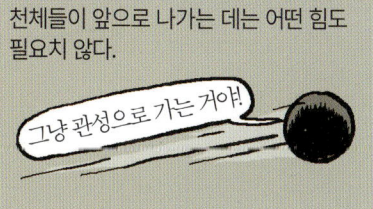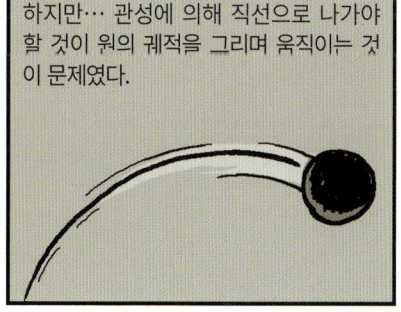

자연과 자연의 법칙들은 어둠 속에 묻혀 있다.

신이 "뉴턴이 있으라!"고 하자,

온 세상이 밝아졌다.

알렉산더 포프
(1688~1744)

GRAVITY EXPRESS CHAPTER 08

승리 뒤의 씁쓸함
말은 되는데 이해가 안 된다

물체가 다른 것의 중개 없이 상호접촉 없이 다른 물체에 작용할 수 있다고는 생각할 수 없습니다.
그것이 선생이 중력에 관한 제 의견을 인정하지 않는 이유일 테지요.
저 또한 중력에 대한 이 점은 너무나 어이가 없어서 철학자들이
그토록 받아들이기 힘들어하는 것을 충분히 이해할 수 있습니다.
- 뉴턴이 벤틀리에게 보낸 편지 중에서

뉴턴의 중력과 역학법칙은 마술상자 같아서 수치들을 입력만 하면 결과를 정확히 말해준다. 그런데 기괴한 점은 도대체 왜 그런 정답을 말해주는지에 대한 이유를 전혀 알려주지 않는다는 것이다. 하지만 어쨌거나 정확히 알려주는 것만으로도 충분히 만족할 만하니 더 이상의 질문은 애써 지워보려 했다. 하지만 건널 강이 있으면 건너야 하고, 넘어야 할 산은 기어코 넘어야 하는 게 인간의 본성 아니던가. 호기심 많은 사람들은 뉴턴 이론의 철학적 난점에 대해서 쉬지 않고 생각했으며, 결국 뉴턴 이론은 새롭게 떠오른 다른 학문에 의해서 직격탄을 맞게 된다. 우주의 모든 것이 뉴턴의 이론대로만 돌아가는 것이 아니었다. 발상의 전환과 혁신은 과거의 역사가 말해주듯이 전혀 다른 곳에서 폭발했다. 관계가 없어 보이는 물리적 존재인 빛, 다시 어지러워진 중력 문제의 해답은 빛에서 찾아야 했다.

중력은 왜 끌어당기기만 하는가?

만유인력의 범위는 이론적으로 우주 끝까지 뻗어 있다. 거리가 멀다고 해서 작아질 뿐, 절대 사라지지 않는다.

그렇다면 우주공간의 모든 물질은 시간만 충분하다면, 끌어당기는 힘으로 말미암아 결국 한곳으로 모이고 붕괴하고 말 텐데…

만유인력은 우주 종말을 예고하는 이론인가?

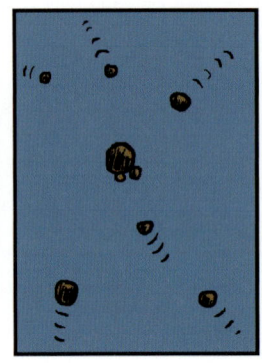

중력은 전달되는 데 시간이 걸릴까?

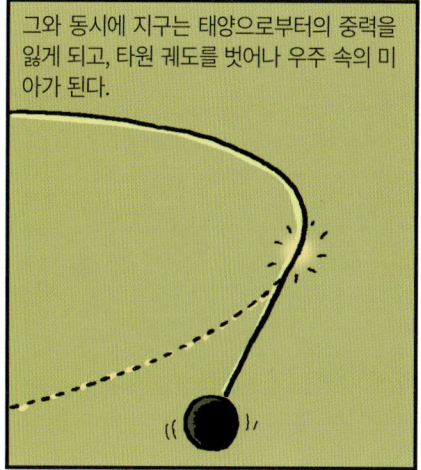

뉴턴은 중력의 즉각성과 시간의 속성 사이에 모종의 관계를 추론한다.

*절대시간(absolute time) : 뉴턴의 《프린키피아》에는 "수학적이며 진리적인 절대시간은 외부의 그 어떤 것과 상관없이 그것 자체로 흐른다"라는 구절이 있다. 뉴턴에게 시간은 독립적이며 절대적인 존재였다.

중력은 무슨 원리로 작동하는가?

지금까지의 의문들은 이 질문에 비하면 약과다. 이것은 뉴턴의 이론 중에서도 가장 미스터리가 아닐 수 없다.

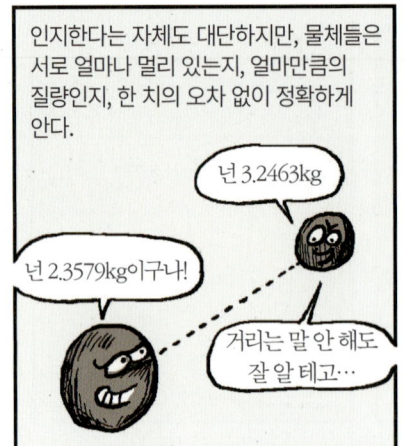

중력의 원인은 질량체 안에 있다?

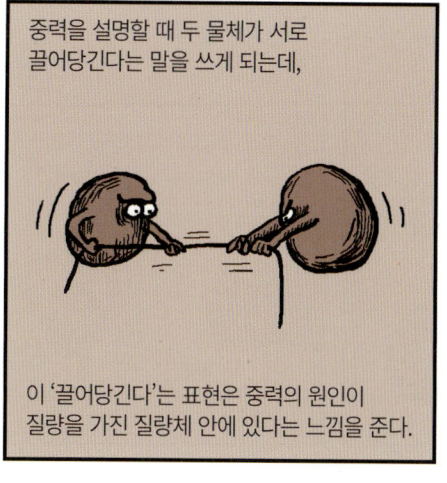

하지만 뉴턴은 그렇게 확신할 근거는 없다고 말한다.

뉴턴은 내심 중력의 원인이 질량체가 아닌 외부의 공간에 있을 수 있다는 생각도 한다.

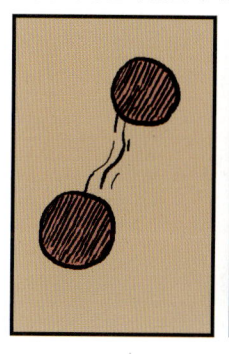 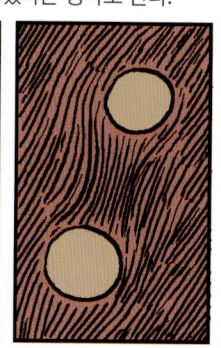

하지만 이 아이디어의 근거도 없기는 마찬가지였고, 할 수 있는 유일한 일은 입을 굳게 다물고 있는 것이었다.

《프린키피아》에 이런 구절이 있다.

"나는 가설을 만들지 않는다."

뉴턴의 태도를 간단명료하게 보여주는 구절이다.

확신이 없는 생각은 함부로 내뱉지 않는다.

왜 질량은 두 가지 방법으로 측정되는가?

아직도 질량의 정체를 찾아헤매는 상황이지만, 뉴턴의 역학법칙에서 어떻게 하면 질량을 측정할 수 있는지에 대해서 소상히 알려주고 있다.

$$m_{질량} = \frac{F_{힘}}{a_{가속도}}$$

같은 가속도를 내기 위해서 한 물체가 다른 물체에 비해 2배의 힘이 든다면, 그 물체의 질량은 2배다.

질량이라 함은?

얼마나 저항하느냐!

그런데 기묘하게도 만유인력의 법칙을 통해서 질량을 측정하는 한 가지 방법을 더 알 수 있다. 어떤 행성 위에 두 물체가 있을 때, 한 물체가 다른 물체에 비해 2배의 중력에 이끌린다면 그 물체의 질량도 2배라는 말이다.

이때의 질량은?

얼마나 이끌리느냐!

저항력으로 측정되는 전자를 *'**관성질량**'이라고 하며, 이끌림으로 측정되는 후자를 **'**중력질량**'이라고 한다.

질량을 표시할 때는 두 가지 수치로 적어놔야겠군.

질량이 두 가지인 것도 요상하지만, 그보다 신기한 것은!

측정을 아무리 반복해봐도, 관성질량과 중력질량의 값이 똑같다는 것이다.

하나로 표시할 수 있어서 편하네.

그게 문제가 아니야. 이거 되게 이상한 거야!

어떤 물체의 저항력, 그리고 중력에 의해 이끌리는 힘. 두 경우는 아무리 생각해도 다른 성격의 것인데, 왜 같단 말인가.

글쎄… 우연의 일치라고밖에…

우연의 일치 치고는 좀 희한하긴 하지.

어쨌든 관성질량과 중력질량이 같다는 사실로부터 굉장한 깨달음을 얻을 수 있다.

이제야, 모든 물체가 질량과 관계없이 똑같은 가속도로 낙하하는 이유를 알게 된 것이다!

***관성질량**(inertial mass) : 뉴턴의 가속도법칙(F=ma)에 의해 정의되며, 가속에 대한 저항을 나타낸다. ****중력질량**(gravitational mass) : 중력의 크기를 이용해서 정의되는 질량. 동일한 장소에서 물체의 중력질량이 크다면 그 물체를 무겁게 느낀다.

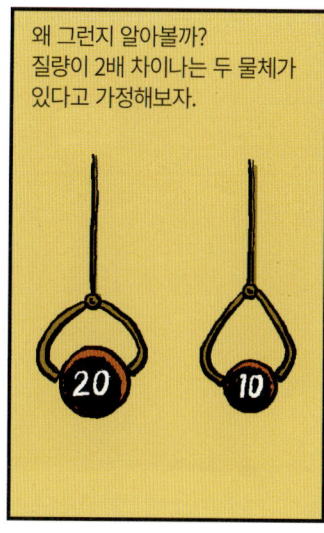

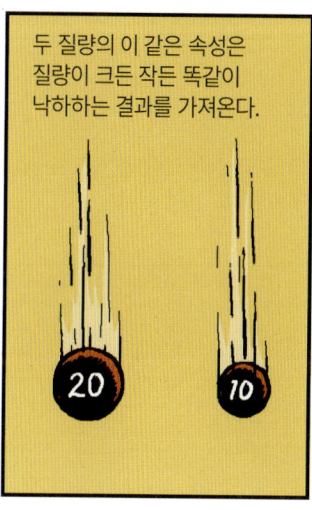

***절대공간**(absolute space) : 뉴턴이 개념화한 절대공간은, 절대시간과 마찬가지로 어떤 것과 상관없이 독립적으로 존재하는 공간이다. 뉴턴은 가속도의 절대성을 통해 절대공간의 존재를 입증하고자 했다.

뉴턴은 가속이 외부의 다른 기준을 필요로 하지 않고 스스로 자각할 수 있다는 중요한 사실을 일깨웠다. 가속이 절대적이라는 사실은 그 이면에 절대적 공간이 있다는 것을 뜻하며, 절대적 공간은 모든 운동을 설명하는 기준이 된다. 이것이 뉴턴의 생각이었다.

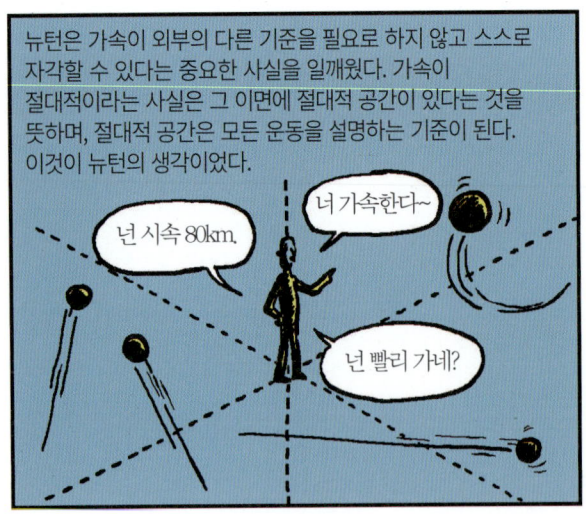

공간…. 뉴턴은 중력이 어떻게 작용하는지를 규명하는 것은 실패했지만, 공간이라는 것에 주의를 환기시키면서 후대의 천재들에게 중력이 무엇인지를 더 탐색케 하는 희미한 등불을 비췄다고 할 수 있다.

지금까지의 중력에 대한 이야기에서는 공간이 낄 틈이 없었다. 물체가 지니고 있는 것만 같은 질량이라든가, 물체의 운동이라든가 하는 눈에 보이는 것들이 주인공으로 거론되기 바빴다. 공간은 엑스트라는커녕 무대의 배경 정도로만 치부되었을 뿐, 우리의 시선에서 한참 벗어나 있던 것이 사실이다.

공간 자체만 보자면, 중력만큼이나 많은 철학자들을 오랫동안 괴롭혔던 고약한 주제가 바로, 공간이었다.

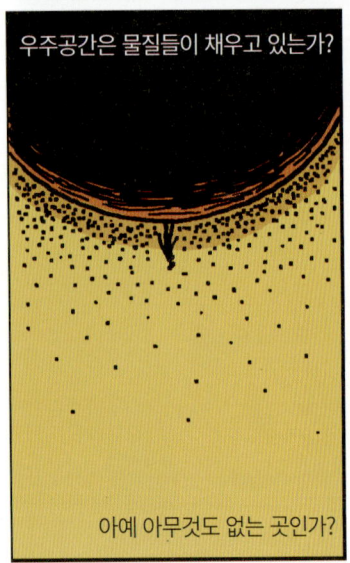

'공간'의 실체가 없다면, 존재하지도 않는 것이 우주의 절대적 기준이 된다는 뉴턴의 말은 도대체 어떤 의미란 말인가?

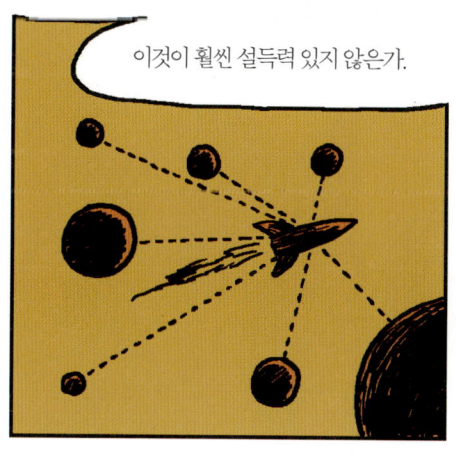

***에른스트 마흐**(Ernst Mach, 1838~1916) : 오스트리아 출신의 역학, 음향학, 생리학, 철학 등 다양한 분야에서 공헌한 박학다식한 학자다.

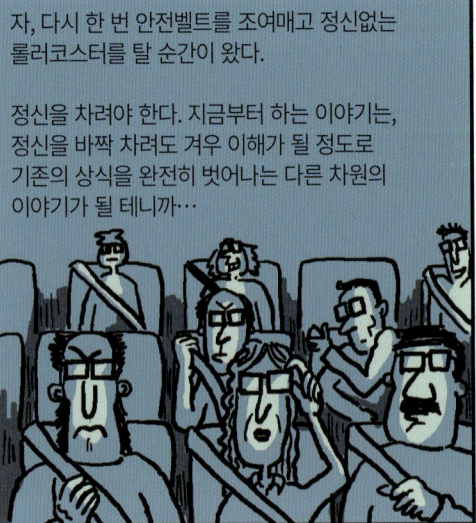

반전을 이끌 도화선은 바로 이것이다.

빛에 대한 새로운 이해는 중력의 개념을
완전히 다른 방향으로 이끌게 된다.

빛이란 무엇인가?

만질 수 없는 것, 냄새도 없고, 맛도 없고, 무게도 없고…
하지만 따뜻하고 세상을 밝게 해주는 것으로
우리는 그것을 분명히 인식하고 있다.

빛의 무엇이 중력과 관계가 있으며
빛은 어떻게 중력의 전환점이 되었을까?

뉴턴이 빛의 존재를 좀더 깊이 생각했다면
정말 깜짝 놀랐을 것이지만…
당시 그에게 빛은 큰 관심의 대상이 아니었다.
그럴 만한 흥미로운 연구성과도 없었기에…

하지만 뉴턴 이후, 빛에 대한 몇 가지 중요한
인식 전환이 있었다.

빛은 파동이다

우리는 파동의 실체를 볼 수 있다.

빛은 속도가 있다 :

빛은 즉각적이며 속도 자체가 없다는 인식이 오랫동안 이어져왔다.
하지만 갈릴레이… 역시나 그답게 빛의 속도에 대해서 호기심을 가졌고 나름 영리한 실험을 실행한다.

베일에 가려져 있던 '빛의 속도'는, ***뢰머**의 반짝이는 아이디어로 밝혀졌다.
뢰머는 목성의 위성 이오가 요상하게도 목성 주위를 불규칙하게 공전하는 것을 관측한다.

그는 한 걸음 더 나아가 이 요상한 현상으로부터 빛의 속도까지 계산해낼 수 있다는 기발한 발상을 이끌어낸다.

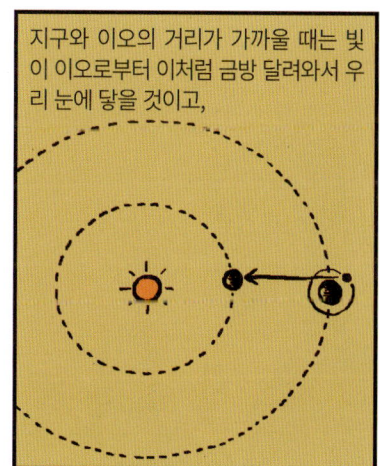 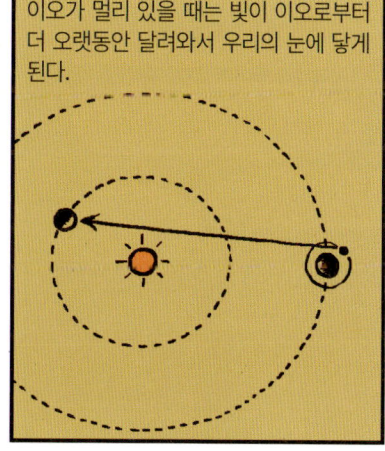 

* 올레 크리스텐센 뢰머(Ole Christensen Rømer, 1644~1710) : 덴마크의 천문학자.
** 목성의 위성 이오가 지구와 가까워질 때와 멀어질 때 관측을 해보면 식(蝕)현상에 시간차이가 났는데, 당시에 그 이유를 잘 모르고 있었다.

빛의 속도는 놀랍도록 빨랐다.
초속 30만 킬로미터!

눈 깜짝

빛은 1초에 지구를 7바퀴 반 돈다.

빛의 빠르기에 너무 놀라지들 말게! 더 놀라운 것은 **빛의 속도가 유한하다는** 거야!!

맞아. 그건 그래.

빛이 파동이고 속도가 어마어마하지만 유한하다는 두 가지 사실로부터 학자들은 자연스럽게 이런 생각을 떠올렸다.

무엇을 통해 파동이 전달되어 그런 괴물 같은 속도를 내는 거야?

매질이 뭘까?

모름지기 파동은 매질이 필요하다.

소리라는 파동은 공기라는 매질을 통해 전달되는 것이며,

돌을 던져 발생하는 호수 위의 파동은 물이라는 매질을 통해 전달된다.

매질 없이는 파동도 없다. 그런데…

도대체가 보이지도 않고 만져지지도 않는 빛의 매질.

빛은 물과 공기에서도 전달되지만, 우주공간에서도 전달된다.

더군다나 빛의 속도는 엄청난데, 이런 속도가 나오려면 *에테르의 탄성이 무척 커야 할 것이다(그래서 에테르가 고체의 성질을 가졌다고 추측하는 사람들도 있었다).

확인할 방법은 딱히 보이지 않지만, 우주공간은 빛을 전달하는 어떤 매질로 가득 차 있는 것이 분명해.

참 신기한 매질… 에테르.

그 매질을 에테르라고 하지.

분명히 있긴 해야 돼.

빛은 파동이니까!

야심찬 실험가 *마이컬슨과 몰리는 에테르의 존재를 확인하고자 정교한 실험장치를 만들기로 한다.

***에테르**(ether) : 빛이 파동이라고 가정했을 때 이 파동을 전파시키는 매질로 생각된 것이 에테르다. 이 명칭을 처음 사용한 사람은 네덜란드의 물리, 천문학자 하위헌스(Christiaan Huygens, 1629~1695)인데, 그는 에테르가 단단하며 탄성 있는 미립자로 되어 있다고 생각했다. 에테르를 뉴턴의 절대공간과 일치시켰던 그는 심각한 모순에 직면하게 된다. ****마이컬슨 & 몰리**(Albert Michelson, 1852~1931 / Edward Morley, 1838~1923) : 폴란드와 미국 출신의 물리학자.

에테르를 찾아라!

마이컬슨과 몰리가 설계한 실험의 아이디어는 수면 위를 지나가는 배의 상황으로 비유할 수 있다.

수면 위에 파동을 만들면서 배가 앞으로 나갈 때

배 위의 관찰자가 배 뒤쪽으로 진행되는 파동의 속도를 측정하고

배의 앞쪽에서 진행되는 파동의 속도를 측정한다.

두 파동의 속도는 같을까? 아니! 다를 것이다.
당연히 뒤쪽보다 앞쪽으로 전달되는 파동이 느리게 측정된다.

왜냐하면 배가 파동을 쫓아가고 있으니까.

이것은 물이라는 매질을 통해 전달되는 물결 파동의 당연한 결과다.

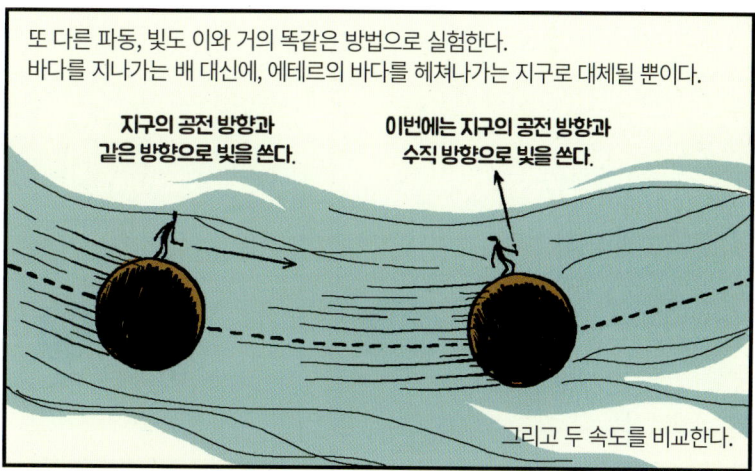

또 다른 파동, 빛도 이와 거의 똑같은 방법으로 실험한다.
바다를 지나가는 배 대신에, 에테르의 바다를 헤쳐나가는 지구로 대체될 뿐이다.

지구의 공전 방향과 같은 방향으로 빛을 쏜다.

이번에는 지구의 공전 방향과 수직 방향으로 빛을 쏜다.

그리고 두 속도를 비교한다.

마이컬슨과 몰리가 만든 실험장비는 아주 작은 속도 차이도 구별할 만큼 정교했다. 속도 차이가 확인된다면, 빛의 매질 에테르의 존재를 밝히는 것이다.

이것이 우리의 계획!

그런데 웬걸, 그들의 기대와 달리 아무리 실험을 반복해도 속도 차이는 없었다.

언빌리버블! 빛이 파동이라면 속도 차이가 있어야만 해! 에테르 어디 갔니?

젠장~~ 우린 망했어.

아이러니컬하게도 이 실험은 과학 역사상 가장 위대한 실패 중 하나로 기록된다.

이게 무슨 상황이야? 마이컬슨.

대단한 헛다리!

빛은 전자기파다

빛 하면 거론되어야 할 한 사람!
*맥스웰이라는 위인이다.

맥스웰은 처음부터 빛을 연구하지는 않았지만, 실험가 **패러데이가 알아낸 전기와 자기의 관계를 너무도 멋들어진 수학으로 완성시켰다.

패러데이, 어시스트!

맥스웰, 슛~ 골인!

마치 튀코 브라헤의 관측을 케플러가 수학으로 완성한 것처럼.
환상의 조합!

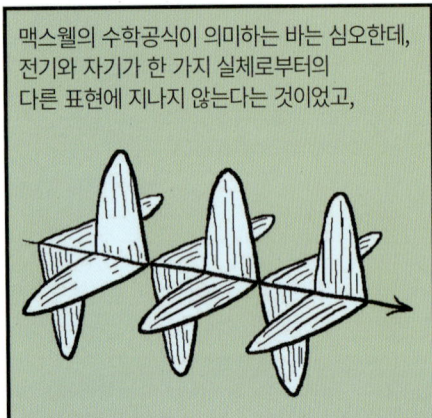
맥스웰의 수학공식이 의미하는 바는 심오한데, 전기와 자기가 한 가지 실체로부터의 다른 표현에 지나지 않는다는 것이었고,

놀라운 것은 전자기파의 속도였다. 속도가 정확히 빛의 속도와 일치했기 때문이다.
빛
전자기파

이는 전자기파와 빛이 같은 존재라는 뜻이었으며…
정확히 말하면, 우리가 빛이라 여겼던 존재가 전자기파의 작은 일부분이라는 것이다.

맥스웰의 발견으로 빛의 범위는 훨씬 넓어졌고, 그 뒤로 눈에 보이는 빛을 뜻하는 가시광선이라는 용어가 생겨났다.
가시광선

밤하늘은 실제로 어둡지 않다. 전자기파로 눈이 부셔야 마땅하지만, 사람의 눈은 가시광선만 보기 때문에 밤하늘이 어두워 보이는 것이다.
어두워…
나는 밝아 죽겠어.

우리가 여기서 눈여겨봐야 것은 맥스웰의 방정식에 나오는 빛의 속도다. 그런데 이 빛의 속도는 이상한 점이 있다.
속도에 기준이 없다!

*제임스 맥스웰(James Clerk Maxwell, 1831~1879) : 스코틀랜드 출신의 물리학자. 전자기학 분야에서 장(field)의 개념을 집대성했으며, 빛의 전자기파설의 기초를 세웠다. **마이클 패러데이(Michael Faraday, 1791~1867) : 영국의 화학자, 물리학자. 철저한 실험주의자였으며 전기학의 선구자이다.

빛의 속도가 이상하다

속도에 있어서 기준점이란, 물체의 운동뿐만 아니라 파동에서도 엄연히 필수적이다.

호수에서 일렁이는 물결 파동의 기준은 물 자체이며 소리에서의 기준은 공기다. 즉 매질이 파동의 속도를 일러주는 기준점이 된다.

일반적으로 우리는 '과학은 발전한다'고 생각한다.
발전한다는 말은, 점점 높아져가는 외길을 떠올리게 한다.

중력에 관한 역사도 마찬가지로 여겨질 텐데,
이런 인식은 우리가 과학을 학습을 통해서 알기 때문이다.

실상은, 전혀 그렇지 않다.

이것은 오해!

오히려, 모래언덕이 즐비한 사막에 어지럽게 찍혀 있는 발자국에 비유하는 것이 올바르다.
때에 따라 내려가기도 하고, 왔던 길로 다시 돌아가기도 하고, 발자국들은 사방팔방으로 나 있다.

발자국들을 따라 그 많은 길들을 모두 쫓아가볼 수 없기에
우리는 그 발자국 중 일부만 선택해야 한다.
역사에 남게 된 엄청난 가치를 지닌 발자국들…

하지만…

확인할 길 없이 잊혀진
주옥같은 발자국들이 있었을지도…

GRAVITY EXPRESS CHAPTER 09

전부 다 착각

오히려 밀어낸다는 게 맞다

공간과 시간은 진화하는 우주의 연주자다. 그들은 살아 움직인다. 이곳의 물질은 저곳의 공간을 휘어지게 하고, 그곳이 다시 다른 곳의 물질을 움직이게 만들고, 그것이 다시 또 다른 곳의 공간을 더 휘어지게 만들고, 그렇게 계속된다. 일반상대성은 공간, 시간, 물질, 에너지의 뒤엉킨 우주적 춤의 안무가다.
– 브라이언 그린

굳건하다고 믿어 의심치 않았던 것이 사실은 움직이는 것이라고 깨닫는 순간 그 혼란스러움은 이루 말할 수가 없다. 시간과 공간, 이 두 존재가 사실은 변하는 양이라는 것. 이만큼 믿기 힘든 이야기가 있을까? 엄청난 사고의 유연성과 과감성을 가진 이 사람은 기존의 시간과 공간의 개념을 송두리째 바꿔놓았으며 완성체라 여겼던 뉴턴의 역학법칙을 뒤엎어놓는다. 그가 지닌 칼은 빛으로 만들어졌으며, 그의 갑옷은 갈릴레이의 관성계에서의 상대성이론이었다. 그는 단 두 가지 무기를 가지고 뉴턴조차 풀지 못한 중력의 원리에 대해서 밝혀냈다. 물체가 떨어지고 우리가 몸으로 느끼고 있는 무게감은 전혀 상상치 못한 곳에서 왔으며, 너무나 가까운 곳에 있었다.

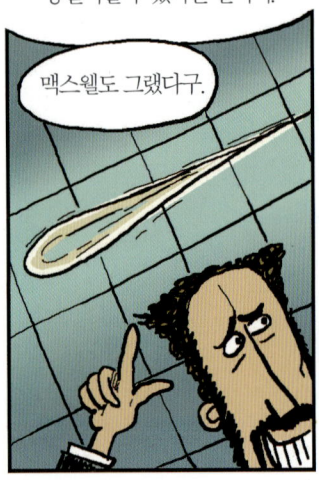

*광자(photon) : 파동성과 입자성의 두 가지 성질을 동시에 가진 빛을 입자로 볼 때 '광자'로 명명한다. 광자 한 개의 에너지는 플랑크상수(h)에 빛의 진동수(v)를 곱한 값(hv)이다.

아인슈타인은 이런 직감을 바탕으로 *"**움직이는 물체의 전기역학에 관하여**"라는 제목으로 논문을 발표했다.

이 논문에는, 빛의 속도를 절대적인 잣대로 삼았을 때, 서로 등속으로 움직이고 있는 관성계 사이의 상대성원리를 만족시키는 수학적 이론이 전개된다.

서로 시간이 어떻게 느려지는지, 길이가 어떻게 짧아지는지 기하학적으로 표현되어 있다.

스위스의 작은 특허청에서 일하는 듣도 보도 못한 말단직원이 내놓은 이 논문은 학계를 들썩이게 했다.

시골 철물점에서 어느 날 페라리를 내놓은 격!

**특수상대성이론은 내용이 어려운 것이 아니었다. 논문은 짧고 사용된 수학도 단순하다. 어려움은 너무나 낯선 개념들에 있었다.

특수상대성이론에서 말하는 바를 정리해보면,

절대적인 것은 빛이다.

엄밀히 말하면 빛이 절대적인 것이 아니고, 빛의 속도가 절대적이다.

조금 더 정확히 말하면, 우주에서 특별한 것은 빛이 아니다. 우주가 허용하는 속도의 한계가 특별하다.

초속 30만 킬로미터

*〈움직이는 물체의 전기역학에 관하여(zur elektrodynamik bewegter körper)〉(1905) : 뉴턴의 고전역학과 맥스웰의 전자기학의 모순을 극복하기 위한 노력에서 탄생한 획기적인 논문이다. 빛의 속도가 불변하며 등속으로 움직이는 관측자들에게 고전 전자기법칙이 유지되는 새로운 시공간의 개념을 제시했다.

절대적이라 믿었던 시간과 공간은 상대적인 개념으로 바뀐다. 시간과 공간은 신이 차고 있는 손목시계도 아니며, 신이 만들어놓은 절대불변의 무대도 아니다.

시간과 공간이 상황에 따라 변한다.

어떤 상황?

다른 것에 대해서 상대적으로 움직이고 있는 상황.

뉴턴의 역학법칙이 뒤집혔다고 표현한 것은 이 때문이다.

특수상대성이론(Special Theory of Relativity, 1905) : 갈릴레이의 상대성이론과 광속도 불변에 대한 가정을 통해 기존에 역학에만 적용되던 상대성원리를 전자기학까지 적용되도록 일반화했다. 특수상대성이론에 의해서 에테르의 존재는 본질적으로 사라졌고, 뉴턴의 절대공간, 절대시간도 부정되었다.

이런 결론이 도출된 이유는 빛의 속도 때문이다.

그런데 현실에서는 시간이 느려지고, 길이가 짧아지는 현상을 왜 경험하지 못할까?

이제부터, 특수상대성이론의 매우 심오하고 중요한 결론을 살펴보자.

시간과 공간은 변하는 값이고, 둘은 근본적으로 같은 테두리 안에 있다!

이 말은 이해하기가 쉽지 않은데, 몇 가지 예를 통해 감을 잡아보도록 하자.

당신이 친구와 만날 약속을 잡을 때 미리 합의하는 것은 무엇인가?

명동 중력빌딩 7층 영화관 매표소 앞~

그렇다. 공간좌표를 정해야 한다. 우리는 3차원 우주에 살고 있기에 X, Y, Z 좌표를 설정하면 된다.

그리고 또? 바로, 시간이다.

일요일 저녁 7시, 늦으면 죽는다!

같은 장소를 정했다고 해서 만나지는 것이 아니다. 시간을 일치시켜야 한다. 그래야만 비로소 두 사람은 시간과 공간 안에서 접점을 이룰 수 있다.

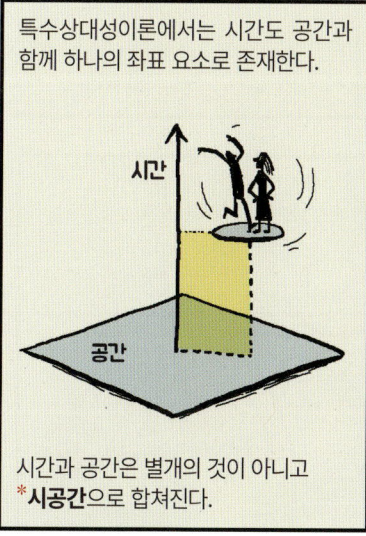

특수상대성이론에서는 시간도 공간과 함께 하나의 좌표 요소로 존재한다.

시간과 공간은 별개의 것이 아니고 *시공간으로 합쳐진다.

시공간에서 우리 모두는 광속으로 가고 있다.

이건 또 무슨 말?

음… 일단 한번 들어보자고요.

상대적으로 빠르게 움직이고 있는 사람의 시간이 느리게 간다고 했다. 하나로 통일된 시공간의 개념에서 보면, 두 사람이 서로 상대적인 운동이 없을 때는, 두 사람은 시간만을 향해서 광속으로 나아갈 수 있다.

광속의 기운이… 느껴지니?

두 사람의 시간이 똑같이 가는 것도 자명하다.

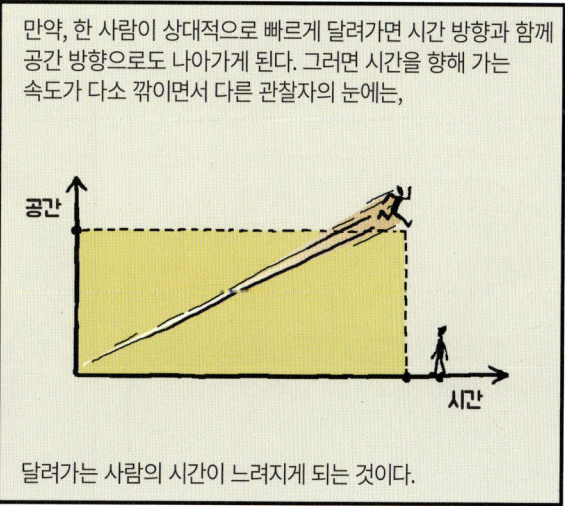

만약, 한 사람이 상대적으로 빠르게 달려가면 시간 방향과 함께 공간 방향으로도 나아가게 된다. 그러면 시간을 향해 가는 속도가 다소 깎이면서 다른 관찰자의 눈에는,

달려가는 사람의 시간이 느려지게 되는 것이다.

---

*__시공간__(space-time) : 고전물리학에서는 시간과 공간을 절대적, 독립적, 객관적으로 규정했으나 아인슈타인은 상대성이론에서 3차원 공간과 시간이 합쳐진 4차원 시공간만이 존재한다고 했다.

만약, 그 사람이 광속으로 달려간다면 공간만을 향해서 모든 속도가 할애되므로, 시간의 속도는 0이 된다.

관찰자의 눈에는 달리는 사람의 시간이 정지해 있는 것으로 보인다.

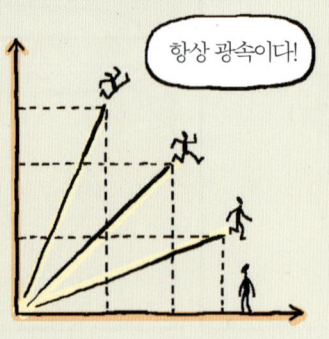

시간, 공간 방향으로의 속도는 운동상태에 따라 변할 수 있지만 시간, 공간 두 방향으로의 속도의 합은 항상 일정하다는 것을 알아야 한다.

항상 광속이다!

분명한 것은, 우리 모두는 광속으로 달리고 있다는 것이다. 단지 공간 방향으로 광속을 못 낼 뿐이지 시간, 공간의 합은 항상 광속이다.

특수상대성이론은 시간과 공간이 완전히 상보적 관계로 끈끈히 연결되어 있다는 것도 말해준다.

별개의 것이 아니다.

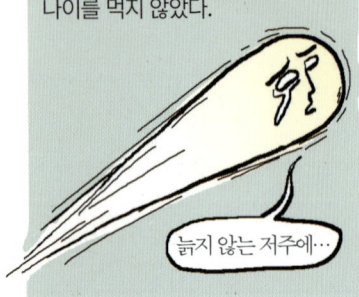

빛은 그 자체가 빛의 속도로 달리고 있기 때문에 태곳적부터 절대 나이를 먹지 않았다.

늙지 않는 저주에…

젊어보이려면, 빠르게 달리면 된다. 빛의 속도에 근접할수록 좋다.

진짜?

하지만 안타깝게도, 다른 관측자에게 그렇게 보일뿐 정작 본인은 똑같은 속도로 나이를 먹는다.

오히려 광속으로 달리고 있는 사람이 보기에 다른 사람들이 나이를 먹지 않는 것처럼 보인다.

망할…

상대적이기 때문이다.
당신이 광속으로 가는지 주변이 광속으로 가는지는 중요하지 않고 의미도 없다.

특수상대성이론에 관한 설명은 여기까지만 하기로 하자. 이해하기도 쉽지 않은 이 4차원의 이론을 만든 아인슈타인은 어찌 보면 진정한 4차원 인간의 종결자라 불릴 만하다.

4차원?

맞는 말이오. 공간의 3차원에 시간이 더해져서 우주는 4차원이라고 할 수 있지요.

그만하세요 쫌~

바로 가속도계!

사실 지구 위에 사는 사람들은 등속보다는 가속에 더 익숙하다.

모든 것은 가속상황이지 일상에서 우리가 등속상황을 경험하는 경우는 거의 없다. 그런데 특수상대성이론은 가속상황에 대해서는 아무것도 설명하지 못했다.

아인슈타인은 가속에 대해서 뉴턴과 동일한 의문을 가졌다.

단순하게 생각하자. 중력과 가속력을 구별할 수 없다면 둘은 같은 것이다.

같은 것이라면, 동일한 실체가 중력 또는 가속이라는 달라 보이는 두 가지 형태로 보이는 것뿐이다.

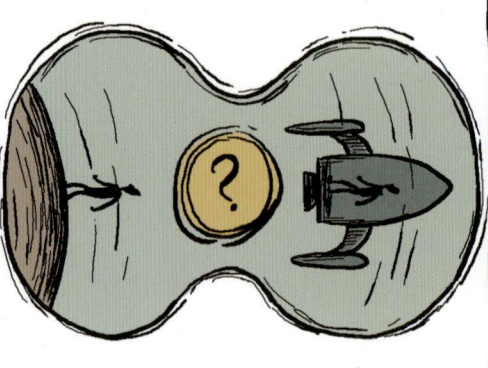

아인슈타인은 정신을 가다듬고 처음부터 다시 시작한다.

동일한 실체로부터 나오는 두 가지 현상… 그 실체가 무엇인가를 알아내야 한다.

우주를 딱 두 가지로 분류하자. 관성계 그리고 가속도계.

관성계는 등속운동을 하는 상황이고,

가속도계는 가속인지 중력인지 모르지만, 본질이 같은 영향력 아래에 있는 상황이다.

이때 아인슈타인은 특수상대성이론에서 등불이 되었던 빛, 바로 그 빛을 이번에도 생각 속으로 가져온다.

둘 사이를 구별하는 것은 힘을 느끼냐 아니냐. 단지 이것뿐이다.

다시 상자 안이다. 여기서는 밖을 볼 수 없지만 관성계인 것만은 분명하다. 가속의 느낌이 없기 때문이다.

우주공간일 수도 있고 자유낙하하는 상황일 수도… 더 이상 속지 않아!

상자 안에는 작은 구멍이 뚫려 있고 한 줄기 빛이 구멍으로부터 나와서 반대편 벽에 비치고 있다.

관성계 상자 안에서는 빛이 곧바로 직선으로 나아간다. 상자가 우주공간에 있어도, 지구에서 자유낙하하고 있더라도 마찬가지다.

그런데 이번에는 상자 안의 사람이 마치 무언가로부터 끌어당기는 느낌을 받는다.

가속도계로 전환되었군.

동시에 조금 전까지 직진하던 빛이 구부러지기 시작한다. 가속상황에서 빛이 구부러지는 이유는 금방 이해할 수 있다. 가속되는 상황에서 총을 쏘았을 때 총알이 휘는 것과 같은 원리다.

상자 안에 있는 사람은 이 상황이, 우주에서 가속되는 것일 수도 있지만 지구 위에서 중력의 영향을 받는 상황일 수도 있다고 생각한다.

중력장 안에서도 똑같은 현상이 벌어져야만 해!

빛은 중력이 있는 곳에서 휠 수 있다. 아니, 반드시 휘어야만 한다.

가속과 중력이 같은 것이라면 항상 같은 결과가 나와야 한다.

달이 지구 주변을 휘어서 타원운동을 하고, 위로 발사한 포탄이 휘면서 지표면으로 떨어지는 것이야 잘 알고 있는 사실이지만

질량이 없는 빛이 중력으로 인해 휜다는 것은 무엇을 뜻하는가?

이때 엄청난 생각이 아인슈타인의 뇌리를 스쳤다.

이곳은 미래의 우주도시다.
바퀴처럼 생긴 이 도시는 회전하고 있는데
바퀴의 안쪽 면으로 쏠리는 가속 때문에
지면에 사람들이 잘 붙어 있도록
설계되었다.

이것을 사람들은 인공중력이라 불렀다.

아인슈타인이라면 인공중력에
인공이라는 말은 굳이 붙일 필요가
없다고 말할 것이다.

그에게 **가속과 중력은 다른 것이
아니기 때문**이다.

이 도시의 측량사는 도시 곳곳을 돌아다니면서 정밀하게 측량을 하던 중에 이상한 점을 발견한다.

도시의 중앙에서 쟀을 때와

도시를 한 바퀴 돌면서 일일이 쟀을 때

원주의 길이가 달랐다.

길이를 어디에서 재느냐에 따라 조금씩 다르게 나와! 미치겠어. 중앙에서 바라보면서 쟀을 때보다 한 바퀴 돌면서 직접 쟀을 때가 조금 길게 나온다네.

측량사의 실수가 아니다. 도시 중앙에서 도시를 바라보는 입장에서는 원의 둘레가 짧아진다.

왜? 특수상대성이론에서 운동하는 물체는 이동방향으로 거리가 짧아지기 때문이다.

줄어든다네.

조금만 생각하다면 이상한 점을 눈치챌 것이다.
어떻게 이것이 가능할까?

헉! 무서워~

가속을 하는 이 도시는 바깥으로 갈수록 공간이 줄어드는 괴상한 곳이다.

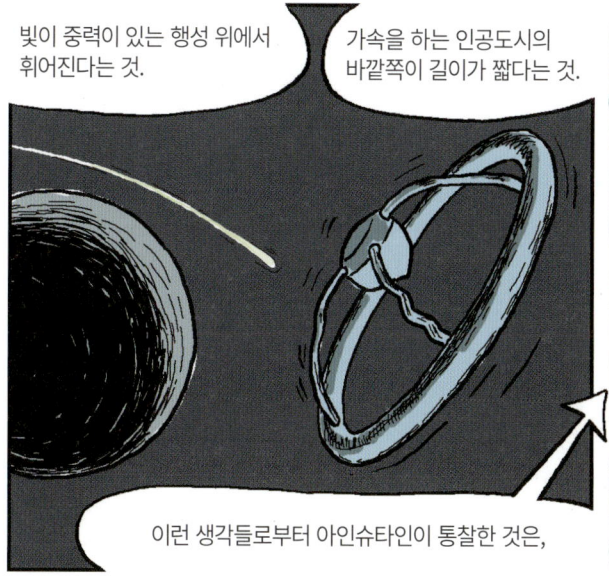

아인슈타인은 놀라운 결과를 도출한다. 공간의 왜곡으로 나타나는 결과가 다름 아닌…

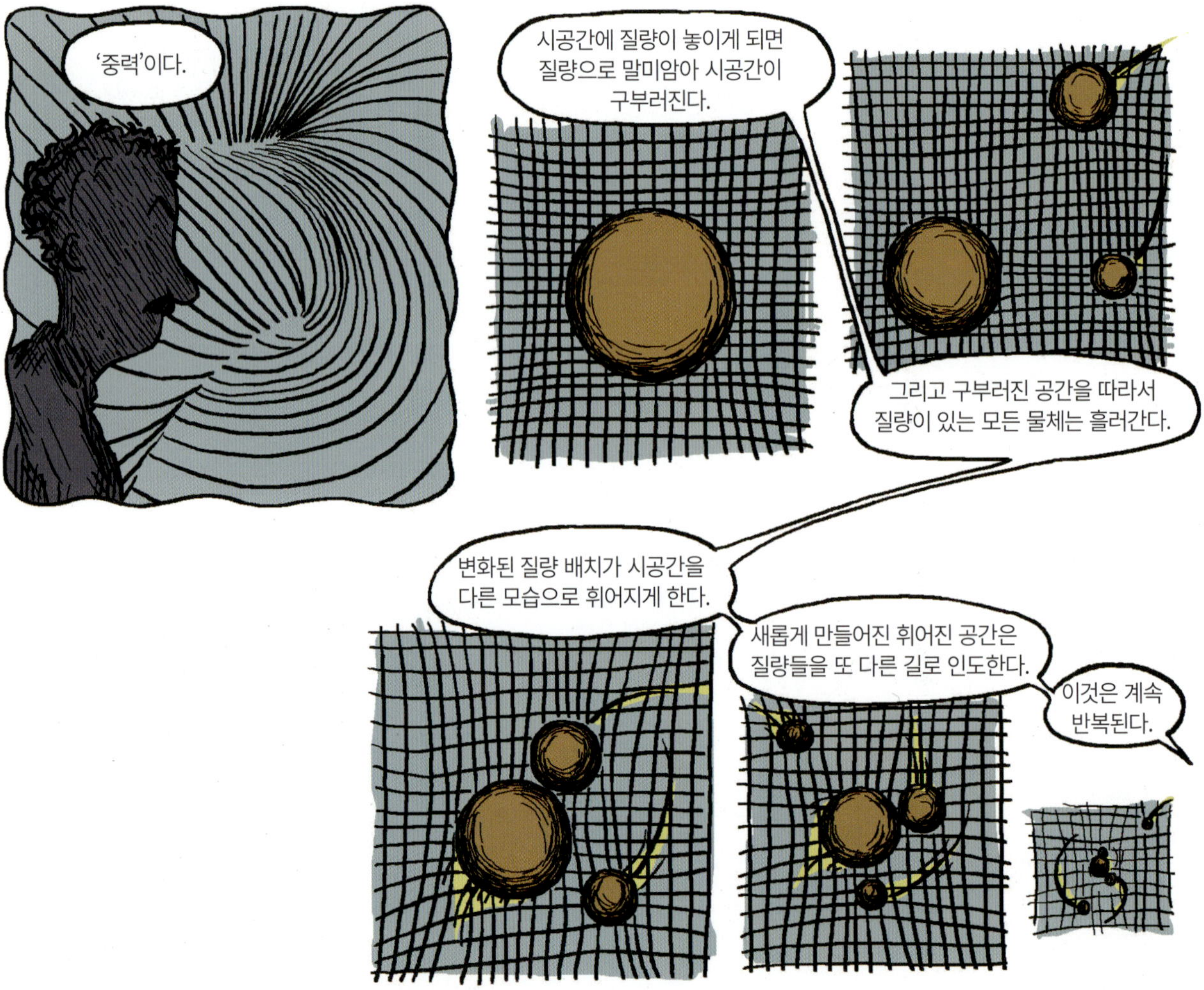

'중력'이다.

시공간에 질량이 놓이게 되면 질량으로 말미암아 시공간이 구부러진다.

그리고 구부러진 공간을 따라서 질량이 있는 모든 물체는 흘러간다.

변화된 질량 배치가 시공간을 다른 모습으로 휘어지게 한다.

새롭게 만들어진 휘어진 공간은 질량들을 또 다른 길로 인도한다.

이것은 계속 반복된다.

***비유클리드 기하학**(non-Euclidean geometry) : 유클리드 기하학에서는 직선 밖의 한 점을 지나 그 직선과 만나지 않는 직선은 단 하나밖에 없다는 것을 가정하고 있는데, 이를 부정함으로써 생긴 수학의 분야가 비유클리드 기하학이다.

질량이 클수록 시공간의 왜곡은 더 커지고, 질량체로부터 멀어질수록 휘어지는 정도가 작아진다.

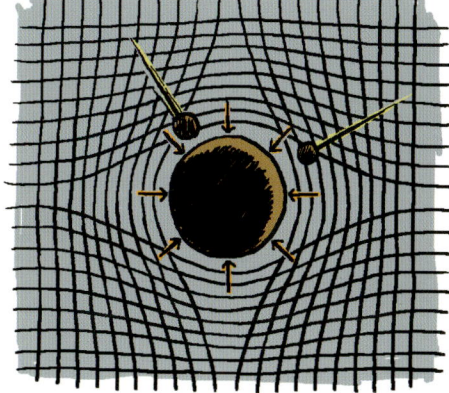

지구상에서 물체들이 낙하하는 이유는 지구가 만들어낸 시공간의 휘어짐이 물체들을 가장 자연스러운 길로 인도하기 때문이다.

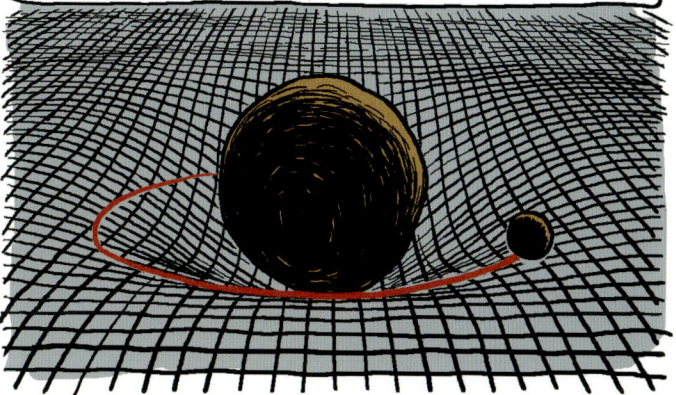

지구의 질량은 큰 편이라서 지구 주변의 시공간을 휘어지게 하고 달은 휘어진 시공간에서 최단 거리의 길을 따라 이동한다. 이것이 달이 지구 주위를 타원으로 돌게 되는 이유다.

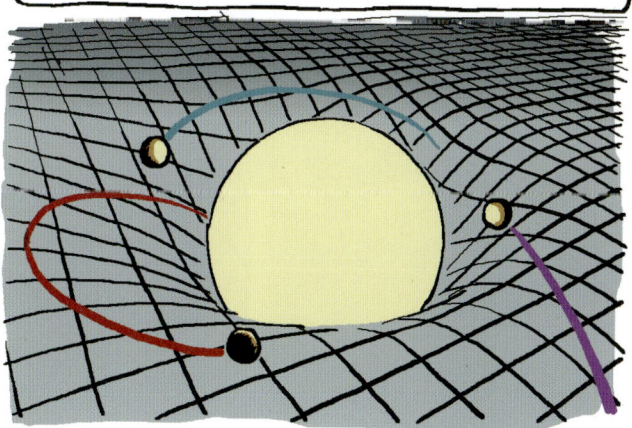

지구보다 훨씬 질량이 큰 태양은 주변의 시공간을 더 크게 휘어지게 하고 그 범위는 실로 광범위하다. 그래서 지구를 포함한 많은 행성들은 거대한 구덩이와 같은 시공간을 맴돌게 된다.

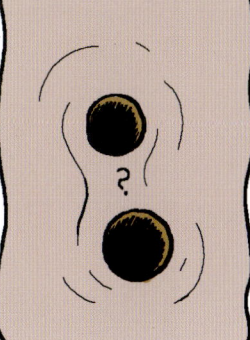

뉴턴의 만유인력의 법칙에서 가장 이상한 점은 무엇이 중력을 전달하는가, 즉 중력의 매개체가 무엇인가 하는 것이었다.

아인슈타인에게 중력의 매개체는 시공간이다. 질량에 의해 휘어진 시공간. 시공간 자체가 중력이다.

핵심은 **시공간**이다. 시공간이 물체의 운동을 서술하는 기준이 된다. 빛이 지나가는 경로가 곧 시공간이다. 빛이 휘어져 보인다면 그 모양대로 시공간이 휘어진 것이지.

그런데 만일 당신이 빛의 궤적을 쫓아간다 하더라고 이리저리 곡선주행하는 빛의 모습은 결코 경험할 수 없다.

빛의 입장에서는 언제나 가장 짧은 ***경로**의 직선으로 여행을 하고 있기 때문이다.

만약 시공간의 흐름 속으로 들어가고 싶다면 빛과 동행하는 수고 없이 관성에 몸을 맡기는 것으로도 충분하다.

지구에서 시공간과 함께하는 가장 손쉬운 방법은 낙하하는 것이다.

어디에도 매달리거나 의지하지 않는다면, 당신의 몸을 시공간과 정확히 일치시킬 수 있다.

그렇게만 하면 당신의 시선은 곧 시공간의 시선이 되고 온 우주의 모든 운동을 서술할 자격을 가지는 절대적인 기준이 된다.

저기 가속하네요.

그렇지. 네 말이 맞다. 다 맞아. 하하하

저 물체의 속도가 초속 10만 킬로미터예요.

여기서 궁금한 것이 한 가지 떠오른다.

힘은 어디로 갔을까?

***측지선**(geodesic line) : 공간의 두 점을 잇는 곡선 중에서 가장 짧은 것을 말한다. 빛은 저항을 받지 않는 길로 가고, 이것은 시공간에서 측지선이 된다. 휘어진 경로로 지나가는 빛이 조금 먼 거리로 돌아가는 것으로 보이지만, 시공간에서는 측지선이며 최단거리다.

'중력은 힘이다'라는 생각이 있어왔다. 뉴턴을 포함하여 많은 철학자들을 혼란스럽게 만들었던 중력이 발휘하는 '잡아당기는 힘'. 그 힘은 어디에 있는 것일까?

아인슈타인은 '휘어진 시공간이 바로 중력'이라고 말하고 있지만, 시공간과 중력이 도대체 무슨 관계가 있단 말인가?

손 위에 놓여 있는 물체는 아래로 힘을 주고 있다. 분명히 그렇게 느껴진다.

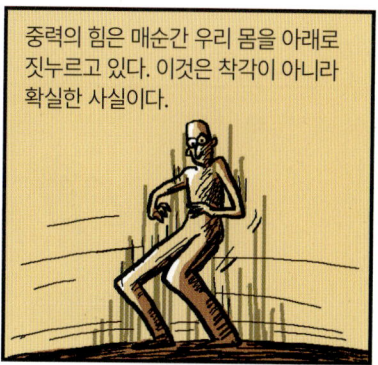

중력의 힘은 매순간 우리 몸을 아래로 짓누르고 있다. 이것은 착각이 아니라 확실한 사실이다.

이 힘은 다 무엇이란 말인가?

그런데 놀랍게도 아인슈타인의 생각은 너무 단순했다. (지금부터 중력을 바라보는 아인슈타인의 새로운 관점에 조금 익숙해지도록 노력할 필요가 있다.)

중력은…
시공간에 저항할 때만 느껴지는 어찌 보면 착각에 불과한 것!

뭐라고? 착각?

들고 있는 물체로부터 느껴지는 힘의 정체는 시공간의 결대로 머물고자 하는 물체를 당신 손바닥이 방해하고 있기 때문이고,

몸으로 느끼는 무게감은 우리 몸이 시공간의 흐름에 흘러가야 마땅한데, 땅이 그것을 막고 있기 때문에 나타나는 **저항력**일 뿐이다.

물체를 놓았을 때나 땅에서 발을 떼고 낙하할 때는 중력을 절대 느낄 수 없다. 이 순간들은 시공간에 저항하지 않기 때문이다. 저항을 해제함과 동시에 중력은 사라진다.

시공간의 강에 몸을 맡기노라면, 물살이 느리든 빠르든 간에 아무런 힘도 느낄 수 없다.

물살에 저항했을 때, 그제야 힘은 나타난다.

중력에 저항할 때만 중력이 존재한다는 것이 아인슈타인의 생각이다.

아인슈타인의 관점에서 가속과 중력의 개념을 다시 한 번 명확히 살펴보자.

사과가 떨어지고 있다.

'무엇이 가속하고 있느냐'라는 질문에 당연히 사과가 가속한다고 말한다면 아직 뉴턴식 가속으로 이해하는 것이다.

아인슈타인식 가속의 개념으로는 가속하고 있는 것은 떨어지는 사과가 아니다.

사과를 바라보는 사람과 땅 전체가 사과를 향해 가속하고 있다.

가속을 느끼는 주체가 가속하는 것이다.

아무것으로부터 방해받지 않는 공중의 사과는 시공간에 몸을 던진 상태이고, 그 순간 우주의 모든 운동을 서술할 기준이 된다.

반면 힘을 느끼고 있는 지표면 위의 사람은 시공간에 대해서 가속하고 있다.

사과는 분명 떨어지고 있고 나는 정지해 있는데… 가속하는 것이 나라니…

아인슈타인의 가속에 익숙해져 한다니까요.

여기서 우리는 가속과 중력이 왜 같은 것인지, 관성질량과 중력질량이 왜 똑같은 값을 가지는지에 대해서 이해할 수 있다.

관성질량은?

가속에 반해서 자신의 상태를 고수하려고 얼마만큼 저항하느냐로 측정된다.

중력질량은?

뉴턴에게는 얼마나 끌어당기느냐였지만, 아인슈타인식 해석으로는 자신의 상태를 고수하려는 저항력이 중력질량이다.

관성질량이나 중력질량이나 하나도 다른 것이 없다. 가속과 중력은 달라 보이기만 할 뿐 시공간에 대한 저항의 개념으로 동일한 것들이다.

왜 중력은 잡아당기는 인력으로 작용하는가에 대한 의문도 쉽게 풀린다.

중력은 경험과 직관, 관측으로 분명히 끌어당기는 힘 같지만

둘이 엄청 붙으려고 해.

시공간의 중력으로 풀이해보면, 오히려 밀어내는 척력에 가깝다.

네가 비켜야 가지.

저리 가!

완전 반대였어.

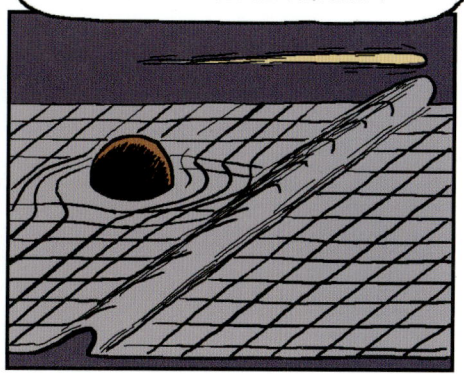

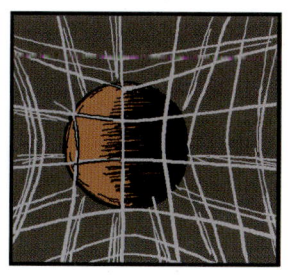

*마르셀 그로스만(Marcel Grossmann, 1878~1936) : 대학에서 아인슈타인에게 노트를 빌려주기도 했으며, 일반상대성이론이 완성되는 과정에서도 수학과 관련해서 큰 도움을 준 아인슈타인의 친구.

누구나 염두에 두어야 할 단순하면서도 유일한 문제 해결법! 끝없이 추구하고, 뛰어다니고, 물고 늘어져라.

아인슈타인은 질량과 에너지가 시공간을 얼마만큼 어떻게 휘어지게 하는지, 휘어진 시공간에 의해 질량과 에너지가 어떻게 변모되는지를 정확히 계산해내는 방정식을 완성하고자 수 년 동안 지루하면서도 격렬한 사투를 벌인다.

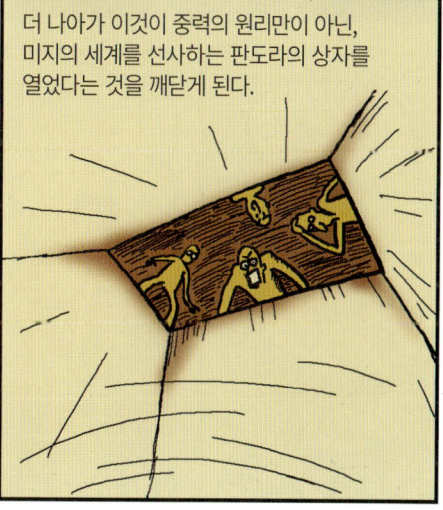

*__아인슈타인의 장방정식__(Field Equations)에 따르면 중력장이 비교적 약하면 뉴턴의 만유인력(역제곱법칙)에 거의 근접하는 결론이 나온다. 이것은 아인슈타인으로 하여금 본인이 올바른 길로 가고 있다는 확신을 가져다주었다. **《__일반상대성이론__》(General Theory of Relativity)》(1916) : 이 이론에 일반이라는 이름이 붙은 것은 특수상대성이론의 확장이었기 때문이다. 특수상대성이론이 서로 상대적으로 등속운동하는 관찰자 사이에 대한 이론이라면, 일반상대성이론은 여기에 가속도운동까지 확장시켰던 것이다. 특수상대성이론은 상대성원리와 광속도 불변의 원리가 근간이 되었는데, 일반상대성이론에서는 추가적으로 관성질량과 중력질량이 같다는 등가원리(priciple of equivalence)와 휘어진 공간(리만공간)의 기하학적 구조에 대한 중력이론이 더해졌다.

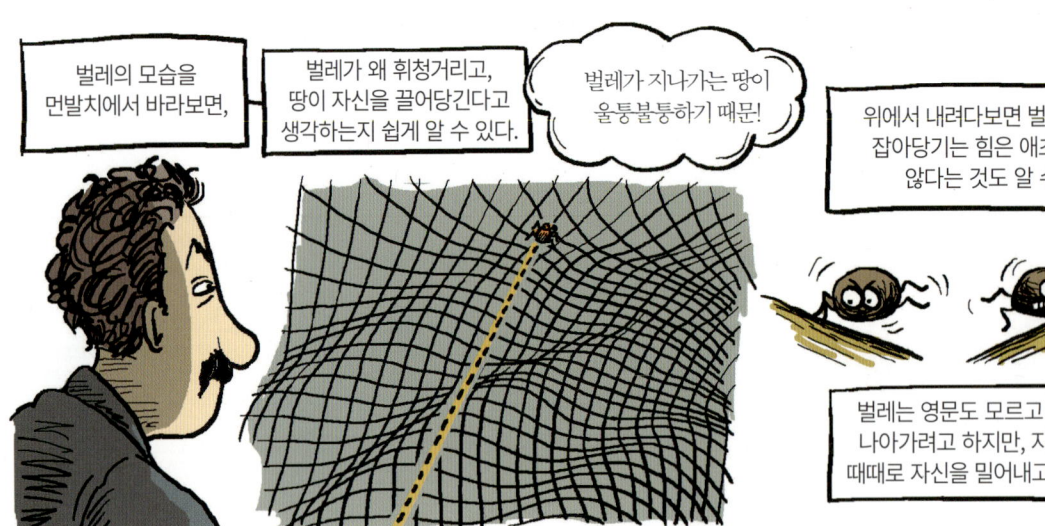

아인슈타인 선생님, 저는 이번 여행에서 새삼 다시 깨달았어요. 시공간, 관성, 중력… 이런 것들이 전부다 상식과 많이 동떨어져 있다는 거예요. 너무 혼란스럽고 무엇이 진실이든, 왜 사람들은 자연을 곧이곧대로 보질 못하는 걸까요?

사실 이보다 더 신기한 것은, 왜 선생님이나 다른 철학자들은 대부분의 사람들과 다르게 자연을 바라볼 수 있었을까. 또 선생님께서 오히려 지나치게 삐뚤게 세상을 바라보시는 느낌마저 받았는데, 그런 자신감은 어디서 온 것인가요? 제 말이 지나쳤다면 용서하세요.

두 개의 질문… 그리고 뻔한 질문, 하하.

첫째, 왜 우리는 자연을 있는 그대로 보지 못하는가?

반대로 물어보지요. 살면서 질량끼리의 잡아당김이나, 휘어진 시공간을 봐야 할 필요가 있던가요? 한 번이라도?

더 말할 것도 없는 거예요. 사람의 감각과 생각은 대체로 생존과 편리함에 맞춰져 있으니까요. 우리 철학자들의 고민은 유용성과는 거리가 멀어요.

둘째, 왜 내가 세상을 비틀어서 바라보는가?

이 아인슈타인만? 과연 그럴까?

가슴에 손을 얹고 생각해보시길. 세상의 본모습이 도대체 뭐란 말입니까? 매일 하는 공상들, 엉뚱한 상상, 시중에 나도는 음모론들까지… 이것 말고도 아주 많은데… 다 뭘 뜻하는 걸까요? 우리 사람들은 원래부터가 삐뚤어진 존재들이요! 나와 뉴턴만 가진 요상한 본성이 아니지.

와~

어?

잉?

우리 이제 음악이나 들읍시다~

아~ 모차르트는 천재!

중력 이야기는 종착역에 다다랐다.
하지만 그전에 한 가지 남은 것이 있다.

에필로그 _ 인류를 움직인 가장 단순한 질문

사람들을 사로잡은 중력의 마성!

'왜 물체가 떨어지는가?'라는 짧고 간단한 질문.

중력의 무엇이 그토록 사람들을 사로잡았을까? 과학자나 철학자들이 시간이 남아서 중력에 대해 오래전부터 고민했던 것은 절대 아니다. 분명한 자연현상임에도 유독 이상한 점이 있었기 때문이다. 위에서 아래로 물체들이 떨어진다면 대지는 왜 아래로 꺼지지 않는가? 거대한 무엇인가가 대지를 떠받치고 있단 말인가? 인간의 발자취가 광범위해지면서 대지가 둥글고, 급기야 우리가 발 딛고 서 있는 지구가 둥근 공모양이라는 것을 깨달은 뒤에도 여전히 '왜 지구는 아래로 떨어지지 않는가'라는 의문이 남았다.

답을 내놓는다. 물체들은 지구 중심 방향으로 떨어지는 것이라고. 지구 자체에 위아래는 없으며, 지구는 우주 중심에 붙박여 있다. 그렇다면 달과 태양, 별들은 왜 지구 중심으로 떨어지지 않는가? 밤하늘을 바라보는 시간이 세대를 거치면서 쌓이고, 관측기구의 발달과 함께 정교한 관찰이 가능해지면서, 우주의 중심에 지구가 있는 것이 아니라 태양이 있다는 과감한 결론을 내린다. 그런데 이것이 사실이라면 지구는 왜 태양 쪽으로 떨어지지 않는 걸까? 그리고 지구가 움직인다면 우리는 왜 지구의 움직임을 전혀 느낄 수 없을까? 떨어지는 물체는 왜 떨어지면서 한쪽으로 치우치지 않을까?

이때부터 사람들은 물체의 운동이나 질량 같은 추상적인 대상에서 답을 찾기 시작한다. 뉴턴에 와서는 어떻게 지구가 태양을 돌고, 물체가 낙하하는지에 대한 완벽한 중력 사용서를 완성한다. 하지만 뉴턴의 작품은 그야말로 중력의 효과에 대해 정확하게 예측하게 해주는 친절한 사용설명서였지, '왜?'라는 원리에 대해서는 답을 주지 못했다. 아인슈타인은 빛이라는 전혀 관계없어 보이는 것에서 힌트를 얻었고, 도무지 풀리지 않을 것만 같았던 중력이 어떻게, 왜, 작용하는가에 대한 답을 내놓고야 만다.

중력은 호기심 많은 사람들을 사로잡는 확실한 마성을 가지고 있었다. 마성의 핵심은 정답이 없다는 것이다. 답을 내놓으면, 상자 안에 또 다른 상자가 또 있고, 또 있고…… 이런 식으로 새로운 의문이 어김없이 꼬리를 물고 나오는 헤어나올 수 없는 수수께끼였다.

어쨌든 아인슈타인이 나타나서 중력의 원리까지 알아냈으니, 수천 년 간 이어진 고민들은 말끔히 끝났고 종착역에서 휴식시간을 가질 때가 된 것일까? 예상하겠지만 상황은 전혀 그렇지가 않다. 종착역은 아예 없는 듯하다. 간이 정차역만 있을 뿐.

아인슈타인의 이야기는 지금으로부터 100년 전 일이고, 그때 아인슈타인은 두 이론 사이의 불일치를 해결하는 과정에서 중력의 원리를 밝혀냈다. 두 이론은 뉴턴의 역학법칙과 그 당시 새로운 학문이었던 전자기학이었는데 서로 하는 말이 달랐다. 그것을 해결한 것이 상대성이론이다. 하지만 환호성을 올리기도 전에 아인슈타인은 새로운 도전에 직면한다. 공교롭게도 아인슈타인 본인도 지대하게 일조한 새로운 학문과의 불일치가 일어났는데 그 새로운 학문은 양자역학이다. 우주를 크게 바라보면 상대성이론으로 설명되는데, 아주 작은 스케일로 바라보면 상대성이론은 먹통이 되고 양자역학으로 설명된다. 이것은 예전에 지상의 룰과 천상의 룰이 따로 존재했던 때와 다를 바 없다. 그때도 어떻게 하나의 우주 안에서 두 가지 법칙이 있나를 의아해했다. 상대성이론과 양자역학과의 관계도 다를 게 하나 없다. 이 문제를 풀기 위해 아인슈타인은 평생을 바쳤고, 지금 이 순간에도 많은 사람들이 이 문제로 골머리를 앓고 있다.

하지만 이것은 골칫거리임과 동시에 기회가 된다는 것을 잘 알고 있다. 과거의 수레바퀴가 그것을 증명하지 않았던가. 결국 용기와 지혜를 가진 누군가가 이런 불일치를 해결할 것이며 그와 동시에 인류는 우주와 중력을 보는 새로운 눈을 갖게 될 것이다.

중력에 대한 생각의 진보는 세상을 어떻게 바꾸었으며 우리에게 무슨 도움을 주었는가?

지금까지 만나봤던 선구자들에 의한 노력의 산물은 현재의 문명에 확실한 기술적 토대를 제공한다. 이전에는 감히 상상도 못했던 인공위성을 띄우는가 하면, 다른 천체에 탐사선까지 보냈다. 뉴턴이 있기에 가능한 것들이었다. 아인슈타인의 상대성이론을 기반으로 핵에너지라는 완전히 다른 차원의 에너지를 사용하게 되었고, 중력파 망원경이 제작되어 천문학의 새로운 지평을 열고 있기도 하다. 중력이론은 이런 장비들 말고도 우리의 문명 곳곳에 자리잡고 있다. 휴대폰에도 상대성원리가 들어있으며, 자동차 안의 GPS장치도 아인슈타인의 숨결이 녹아 있다.

그런데 뭔가 공허한 느낌이 밀려오기도 한다. 물론 멋진 기계들이지만 후손들에게 고작 휴대폰 위치추적 기능을 선사하려고 수천 년 동안 많은 천재들이 그 고생을 했단 말인가? 따지고 보면 현대인들이 중력을 예전 사람들과 다르게 이해한다고 해서, 선사시대 조상들보다 물건을 더 가볍게 들 수 있는 것도 아니고, 높은 데서 안전하게 떨어지는 방법을 잘 아는 것도 아니다.

이들이 해낸 것을 기술이나 유용성으로 환산한다면 크게 평가절하하는 것이고 잘못 알고 있는 것이다. 그 가치는 눈에 보이지 않는 곳에 있다.

"중력이 무엇입니까?"
"아무것도 아니에요…… 전부입니다."

왜 떨어지는가? 중력이 무엇인가? 이 단순한 질문에 대한 영감 어린 고민의 가치!

우주에서의 우리의 위치와 운명을 짐작하게 한다는 것, 이것이 진정한 가치다.

이 말이 너무 모호한가?

뉴턴이 사과나무 아래에서 떠올린 생각 덕분에 우주는 하늘과 땅의 경계가 없어졌고, 이루 말할 수 없을 정도로 거대해졌다. 지구는 우주에 널려 있는 수많은 천체들 중 하나이고 우리는 그곳에서 중력에 눌려 살고 있다. 아인슈타인의 시공간과 중력에 대한 생각은 우리의 운명에 대한 심오한 결론을 유도했다. 우주가 티끌보다 작은 점에서 시작해서 팽창해왔으며, 지구 생명체의 에너지 원천인 태양은 거대한 질량을 에너지로 바꾸고 있고, 우주 어딘가 있었을 거대한 항성이 폭발하면서 생성된 원자들이 우리 몸을 이루고 있으며, 너무나 거대한 중력으로 인해 빛마저 빠져나갈 수 없는 블랙홀이 우리은하 중앙에, 우주 곳곳에 있으며, 우주가 앞으로 어떻게 진화해나갈지를 짐작하게 했다. 이것이 중력에 대한 생각의 결과들이다. 이보다 더 근본적인 지식이 어디 또 있을까?

한번 보자. 인류 문명의 찬란함을 얘기하지만 최근에야 인간은 지구 대기권을 벗어나서 다른 천체에 발자국을 찍었다. 그것도 가장 가까운 달까지가 현주소다. 드넓은 우주의 바다에 겨우 발을 담근 현대인들이 우주에 대해서 이런저런 구체적인 이야기를 할 수 있는 자신감은 바로 중력에 대한 생각에서 나왔다고 해도 과언이 아니다. 중력에 대한 생각이 없었다면 여전히 밤하늘에서 새로운 별자리를 만들고 있을지도 모르고, 성능이 개선된 망원경으로 멀리 있는 별들을 쳐다보는 것 말고는 우주에 대해서 더 알게 없을 것이다. 중력을 이해함으로써 가보지 않고서도 별들을 마치 가본 것처럼 말할 수 있고 우주의 기원, 모습, 미래 그리고 우리 인간의 현 위치를 알 수 있었다. 그러한 이해의 과정은 여전히 진행 중이고 언젠가 인간의 위치와 운명은 또다시 새롭게 재정립될 것이다.

옥사는 뉴턴과 아인슈타인 덕분에 달에서 망아를 쌓던 도끼가 주방낭했고, 아름다운 별들은 거대한 암석 덩어리가 되었으며, 신이 머물고 있는 천상의 세계는 차가운 암흑의 공간으로 바뀌었다고, 동심의 꿈을 사라지게 했다고 비판 어린 말을 하기도 한다. 그럴지도 모르겠다.

하지만 우리는 이제 또 다른 꿈을 꿀 수 있다.

광속으로 시공간을 누비고, 웜홀을 통해 빅뱅의 시대로 거슬러 올라가거나

먼 미래로 타임슬립을 하다가 블랙홀에 빠져서 다른 평행우주로 여행하는 꿈.

이것 또한 멋진 꿈이 아닌가.

감사의 글

《그래비티 익스프레스》 개정판을 내며

2012년 궁리에서 펴냈던 《어메이징 그래비티》를 위즈덤하우스에서 《그래비티 익스프레스》라는 제목으로 개정 출간했다. 《그래비티 익스프레스》는 중력에 대해서 궁금해했고, 그 원리를 풀기 위해 노력한 인간의 역사를 다룬 이야기책이다. 학부 전공이 생물교육학이었고, 대학원 졸업 후 거의 10년 가까이를 인터넷 게임을 개발하는 회사를 운영한 필자의 이력으로 보아, 뜬금없는 주제가 아닐 수 없다. 중력은 물리 분야 아니던가. 실제로 많은 사람들이 중력이라는 주제를 택한 이유를 물었다. 답을 하자면 재미있을 것 같아서였다. 스토리로 만들기에 더할 나위 없이 좋은 소재이기 때문이다. 개인적으로는 과학 공부를 하면서 가장 짜릿했던 내용이었던 것도 이유다. 상대성이론은 전율이었다.

《그래비티 익스프레스》의 목적은 독자들의 머릿속에 유익한 정보를 잔뜩 집어넣는 것은 아니다. 소설과 같은 장르가 가지고 있는 효과 즉, 느낌, 감동을 마음속에 조금이나마 담아주었으면 좋겠다는 참으로 원대하기 그지없는 희망으로 만들어졌다. 필자가 과학을 공부하면서 일찌감치 품었던 생각은 과학의 많은 이야깃거리 중에서도 중력은 과학 이야기라는 요리를 만들기에 가장 좋은 재료라는 것이었다. 중력 이야기에는 수많은 실패와 좌절이 있다. 또한 승리와 환희가 있다. 심지어 반전에 반전을 거듭한다. 잡힐 듯 잡히지 않고 애간장을 녹이는 절절함이 있다. '그래비티 익스프레스'를 쫓아가다 보면 이것은 자연 속에 숨어 있는 진리에 대한 이야기만이 아니라 우리 사람, 어찌 보면 가장 순수한 영혼을 지녔던 사람들에 대한 이야기라는 것을 알 수 있을 것이다. 그들은 궁금한 것을 그대로 방치하지 않고 끈질기게 집착했다. 치밀했으며 때로는 지나치게 과감했다. 우리는 '그래비티 익스프레스'를 타고 가면서 그들의 사고 과정을 간접 경험한다. 잘못 가고 있다고 느끼기도 하며, 동조하기도 한다. 그리고 그들이 느끼는 인간적인 감정을 공유할 수 있다. 이 책이 다른 과학책과 다른 점은 중력을 탐색하는 과정에서 인간이 겪었던 실패의 역사를 더욱 비중 있게 다루고 있다는 것이다. 최종적인 결론만 알려주거나, 항상 옳고 괴물 같은 천재성을 가진 주인공들만 간략히 소개하는 책이 있다면 과연 그것이 재미있을지는 물어보나 마나다. 안타깝게도 우리가 중고등학교에서 접한 과학은 바로 이런 식이다. 중력의 역사는 있는 그대로 읽어도 결론보다 과정이 흥미진진하며, 전혀 예상할 수 없는 방향으로 휘적휘적 헤매고, 그 안의 주인공들은 괴팍하거나 몽상가이기도 하고, 지나치게 소심하기도 하며, 예상 외로 바보 같은 구석도 있다. 바로 우리네처럼 말이다. 사람들은 완벽하지 않은 이런 어수룩한 이야기를 아이러니컬하게도 무척 좋아한다.

《그래비티 익스프레스》는 만화책이다. 만화라는 형식 자체가 가지는 힘은 과학 이야기가 담고 있는 다이나믹함, 등장인물의 개성과 인간미를 극대화할 수 있을 거라고 생각했다. 이론적으로는 그렇지만, 실제로 훌륭한 과학 만화를 완성한다는 것은 전혀 다른 문제라서, 과연 할 수 있을까 망설였고, 실제로 제작 과정에서 수없이 번뇌했으며, 가끔은 확신이 들지 않았다. 작업을 해나가며 이 세상의 만화작가들에게 존경과 경외심을 갖게 되었다. 그들은 인내를 짜낸 열매를 먹었으며, 천 톤의 엉덩이를 가지고 있음이 분명하다.

그렇게 처음으로 책 만드는 일에 과감히 도전했다. 출간 이후에 놀랍게도 너무나 많은 독자들의 사랑과 학계의 좋은 평들을 받았고, 다양한 상을 수상했으니 그 뿌듯함은 이루 말할 수가 없었다. 일종의 실험과 같았던 《그래비티 익스프레스》 작업은 과학 만화 작업으로 필자를 더욱 밀어넣게 한 동력이 되었다. 지금 이 순간에도 과학 이야기를 만들고 있으며 어떻게 하면 더욱 짜릿한 이야기를 엮어낼 수 있을까를 고민하고 있다. 5년 전 이 책을 처음 출간한 경험은 여러모로 행운이었다. 많은 사람들을 알게 되었고 새로운 세상을 만났으며, 구부러지는 허리와 운동 부족을 얻기도 했지만 정신은 한층 풍요로워졌다. 앞으로 펼쳐질 《익스프레스》 시리즈의 계획은 생각보다 광대하지만 지금까지의 작업이 그랬듯 어떤 일이 펼쳐질지 모르기에 더욱 설렌다. 《익스프레스》의 여행길을 독자들보다 한 걸음씩 먼저 밟아나가고자 한다.

2018년 2월

조진호

중력사 연표

1. 아낙시만드로스(BC610년경~BC546년경) | 떠 있는 원통형의 지구 주위를 천체들이 돈다고 주장.	
2. 피타고라스(BC582년경~BC497년경) | 만물의 근원에 수가 있다고 주장.	
3. 아낙사고라스(BC500년경~BC428년경) | 태양을 불타는 바위로 묘사(460년경).	
4. 엠페도클레스(BC490년경~BC430년경) | 4원소론 주장.	
5. 데모크리토스(BC460년경~BC370년경) | 고대 원자론 창시.	
6. 플라톤(BC427~BC347) | 이데아론 창시.	
7. 아리스토텔레스(BC384~BC322) | 지구 중심 우주론 확립.	
8. 아리스타르코스(BC310년경~BC230년경) | 최초의 지동설 주장.	~BC220
9. 아르키메데스(BC287년경~BC212년경) | 지레의 원리 및 원주율 발견.	고대
10. 에라토스테네스(BC273년경~BC192년경) | 지구의 크기 측정.	
11. 프톨레마이오스(85년경~165년경) | 천문학서 《알마게스트》 저술(150).	
12. 오컴(1285년경~1349) | 사고절약의 원리(오컴의 면도날) 제시.	
13. 장 뷔리당(1300~1358) | 임페투스이론으로 근대 관성의 법칙에 영향을 줌.	
14. 니콜 오렘(1325~1382) | 지구 자전의 이론적 가능성 연구.	~15세기
15. 니콜라우스 코페르니쿠스(1473~1543) | 지동설 제창(1543).	
16. 윌리엄 길버트(1544~1603) | 《자석에 대하여》 출간(1600).	
17. 튀코 브라헤(1546~1601) | 케플러와의 운명적인 만남(1600).	
18. 갈릴레오 갈릴레이(1564~1642) | 관성이론을 수립한 《두 개의 신과학에 관한 수학적 논증과 증명》 출간(1636).	
19. 요하네스 케플러(1571~1630) | 행성운행법칙이 포함된 《신천문학》 출간(1609).	
20. 르네 데카르트(1596~1650) | 과학적 방법론을 다룬 《방법서설》 출간(1637).	
21. 로버트 훅(1635~1703) | 인력에 대한 역제곱법칙 주장(1674).	1543~1687
22. 아이작 뉴턴(1643~1727) | 고전역학 《프린키피아》의 성립(1687)	근대과학
23. 올레 크리스텐센 뢰머(1644~1710) | 빛의 속도 계산(1676).	
24. 에드먼드 핼리(1656~1742) | 뉴턴의 《프린키피아》 출간에 중요한 역할을 함(1687).	
25. 제임스 맥스웰(1831~1879) | 전기와 자기를 통합한 맥스웰 방정식 완성(1864).	
26. 에른스트 마흐(1838~1916) | 뉴턴의 절대운동 비판(19세기 말).	
27. 에드워드 몰리(1838~1923), 앨버트 마이컬슨(1852~1931) | 광학 에테르 실험(1877).	
28. 알베르트 아인슈타인(1879~1955) | 특수상대성이론(1905), 일반상대성이론(1916).	20세기 전반

주요 등장인물 소개

아낙시만드로스(Anaximandros, BC610년경~BC546년경)
밀레토스학파의 유물론 철학자로서 탈레스의 제자였다. 《자연에 대하여》라는 그리스 최초의 철학책을 펴냈다고 전해진다. 자연의 다양성 이면에는 규칙이 분명히 존재한다고 믿었고, 자연의 신화적인 면을 배제하고 합리적인 설명을 하려고 노력했다. 지구가 어떤 것에도 의지하지 않고 우주 중심에 정지해 있다고 믿었으며, 이전과는 차별되는 기계적인 우주의 모양을 구상했다.

피타고라스(Pythagoras, BC582년경~BC497년경)
그리스 에게해 사모스섬에서 태어났다. 수를 모든 것의 근본으로 생각했고, 영혼을 맑게 하기 위해서 수를 사용하는 등 다분히 신비적이며 수를 떠받드는 종교적 색채까지 있다. 하지만 피타고라스가 수학에 기여한 공적은 실로 대단하며 근대에 이르기까지 큰 영향을 미쳤다. 피타고라스 교단은 태양중심설과 흡사한 우주의 모양을 최초로 제시했다. 우주의 중심에 거대한 불이 있으며 태양과 지구를 포함한 모든 물체가 그 주위를 돌고 있다는 것이다. 이 같은 우주론은 훗날 태양중심설의 토대가 된다.

아낙사고라스(Anaxagoras, BC500년경~BC428년경)
이오니아에서 태어나 아테네에서 주로 지냈다. 달과 태양은 기본적으로 암석일 뿐이며 태양은 뜨겁게 불타는 암석이라는 주장을 했고, 달은 태양빛을 반사해서 빛난다고 말했다. 이런 생각들은 사람들을 분노케 했고, 무신론자라는 죄명으로 사형당할 뻔했으며 아테네에서 줄행랑을 쳐야만 했다.

엠페도클레스(Empedocles, BC490년경~BC430년경)
시칠리아섬에서 활동한 유명한 철학자로 불생불멸의 근원으로 물, 불, 공기, 흙 4가지를 주장했는데, 이 근원적인 원소에서 어떤 것이 우세한가에 따라 우주가 진화한다고 주장했다. 이 생각은 아주 오랫동안 사람들의 머릿속에 남아 있게 된다.

데모크리토스(BC460년경~BC370년경)
그리스의 부유한 집안에서 출생하여 젊은 시절 세계를 유랑하며 보냈고, 평생 '사람답게 산다는 것은 즐겁고 괴롭지 않게 사는 것이다'라는 신조를 지켰던 유쾌한 사람이다. 그는 원자론의 아버지로 불린다. 세상은 원자라고 하는 쪼개질 수 없는 근본물질로 이루어져 있으며 새로운 것이 생기지도, 없어지지도 않으며, 단지 원자의 배열이 바뀌는 것이 겉으로는 변하는 것처럼 보이는 것이라고 주장했다. 같은 종류의 원자들끼리는 서로 가까이하려는 성질이 있다는 주장도 했다.

플라톤(Plato, BC427~BC347)
고대 그리스의 관념론의 창시자로 피타고라스, 소크라테스의 영향을 많이 받았다. 당시 유물론을 주장한 데모크리토스와 사상적으로 대립했다. 아테네에서 아카데메이아(Akademeia)를 설립하고 평생 동안 가르쳤으며 신학, 정치, 생물, 우주 등 폭넓은 분야에서 많은 저서를 남겼다. 플라톤은 이데아이론을 통해서 감각할 수 없는 실재의 세계 이데아와 감각할 수 있는 가짜의 현실세계를 구분했다. 그래서 플라톤은 실험보다는 생각하는 것을 중시했는데, 이런 부분들에 대해서 그의 제자 아리스토텔레스의 생각은 달랐다.

아리스토텔레스(Aristoteles, BC384~BC322)
플라톤으로부터 많은 것을 배웠고 받아들였지만 한편으로는 다른 주장들을 펼쳤다. 알렉산더 대왕의 어릴 적 가정교사이기도 했고, 아테네로 돌아와서 리케이온(Lykeion)을 설립했고, 그곳에서 많은 제자를 키워냈다. 플라톤이 수학과 생각을 강조한 반면, 아리스토텔레스에게는 감각과 경험이 중요했다. 감각과 경험을 통해서 자연을 분석하고 분류할 수 있다고 믿었으며 그 속에서 질서를 찾아낼 수 있다고 생각했다.

아리스타르코스(Aristarchos, BC310년경~BC230년경)
알렉산드리아의 도서관 사서로 일하기도 했으며 태양중심설, 즉 지동설의 선구자로 유명하다. 그는 오랜 관측 후에 지구가 하루에 한 번 돌고, 태양을 1년에 한 번 크게 돈다고 주장했고 그의 논문 〈태양과 달의 크기와 거리에 관하여〉에서는 수학적 방법을 통해서 사람들을 아연실색하게 하는 결론을 내렸다. 태양까지의 거리는 달까지의 거리의 20배 정도가 되고, 태양의 크기는 지구의 7배 정도가 된다. 시대를 한참 앞서간 생각이었지만 이를 뒷받침할 물리학적 토대가 약해서 곧 부정되었다.

아르키메데스(Archimedes, BC287년경~BC212년경)
시칠리아섬의 시라쿠사 출신 과학자로 그리스 수학을 한 차원 끌어올렸다. 당시 사람들은 수학은 천상의 언어라고 생각했으나 아르키메데스는 수학이 지상에도 똑같이 적용되며, 이 규칙을 찾아내는 것만이 인간의 사고를 발전시킬 수 있다고 생각했다. 부력의 원리를 발견하고 "유레카"라 외쳤고, 지렛대로 지구도 들어올릴 수 있다고 장담했으며, 갖가지 무기를 고안해 로마군을 물리쳤다. 시라쿠사가 로마에 점령되었을 때, 자기 집 마당에 그려 연구하던 도형을 밟은 로마병사에게 호통을 쳤다가 살해당했다.

에라토스테네스(BC273년경~BC192년경)
아테네에서 이집트로 옮긴 에라토스테네스는 알렉산드리아의 도서관장으로 수학과 지리학에서 명성을 떨쳤다. 최초로 경도와 위도의 개념을 도입한 지도를 제작했고, 소수를 발견하기 위해서 '에라토스테네스의 체'라고 알려진 수학적 방법을 고안했다. 시에네와 알렉산드리아의 거리를 측정함으로써 지구 둘레를 계산해낸 것은 에라토스테네스가 남긴 최고의 유산이다.

프톨레마이오스(Klaudios Ptolemaeos, 85년경~165년경)
그리스에서 활동한 지리학자이자 천문학자로 천체의 등속원운동을 기본전제로 깔고 있는 수학적으로 매우 정교한 이론을 완성했다. 천동설의 바이블이라 불릴 만한 그의 《천문학 집대성》이라는 책은 아랍권에서 번역된 《알마게스트》로 훨씬 유명해졌고 오랫동안, 심지어 코페르니쿠스의 지동설이 나온 이후조차 영향력을 발휘했다.

오컴(William of Ockham, 1285년경~1349)
영국의 스콜라 철학자. "불필요한 가설을 내세우지 마라. 진리는 잡다하지 않고 단순명쾌하다."

장 뷔리당(Jean Buridan, 1300~1358)
프랑스 출신의 장 뷔리당은 임페투스이론으로 유명하다. 그는 아리스토텔레스의 고전적 운동이론을 제거하기 위해 노력했다. 던진 물체가 계속 날아가게 하는 요인은 임페투스 때문이며 임페투스는 물체에 가해진 힘과, 무게에 비례한다는 주장을 했고 이는 후에 갈릴레이, 뉴턴으로 이어지는 근대적 관성이론의 기초가 된다.

니콜 오렘(Nicole d'Oresme, 1325~1382)
프랑스의 자연철학자로 장 뷔리당의 임페투스이론을 발전, 심화시켰다. 그래프와 기하학을 도입한 참신한 접근법은 상당히 혁신적이었으며 나중에 데카르트, 뉴턴으로 이어지는 역학 연구에 영감을 제공한다. 또한 운동의 상대성에 대한 생각 끝에 지구가 자전할 수 있다는 결론을 내림으로써 지동설의 태동을 알렸다.

니콜라우스 코페르니쿠스(Nicolaus Copernicus, 1473~1543)
폴란드 출신의 코페르니쿠스는 지금은 지동설의 상징적인 존재로 남았으나, 생전에는 평범한 교회성직자였다. 《천체의 회전에 관하여》라는 그의 저서는 태양을 우주의 중심으로 두고 지구를 포함한 행성들이 그 주위를 돌고 있으며 항성들은 무한히 먼 곳에 있다는 내용이 담겨 있다. 이론에 부정확한 면이 있지만, 지구가 우주의 중심이 아닌 변방에서 움직이고 있다는 생각이 당시 큰 파장을 일으켰다. 《천체의 회전에 관하여》는 교황청의 금서목록에 올라 있다가 19세기 초가 되어서야 풀려났다.

윌리엄 길버트(William Gilbert, 1544~1603)
영국의 의사이자 물리학자 윌리엄 길버트는 자기학의 아버지로 불린다. 그가 출판한 《자석에 대하여》에는 지구 자체가 거대한 자석이며, 자침이 남북을 가리키는 이유와 자침이 서로 반발하거나 끌어당기는 이유, 편각과 복각에 대한 설명 등 자세한 내용이 담겨 있다. 그의 생각은 케플러, 갈릴레이와 같은 학자들에게 공감을 샀고, 후대에 큰 영향을 주었다.

튀코 브라헤(Tycho Brahe, 1546~1601)
덴마크의 천문학자 튀코 브라헤는 육안으로 관찰하는 천문학의 경지를 최고 수준까지 끌어올렸고, 그의 방대한 자료는 후에 케플러의 행성운행법칙을 탄생시켰다. 그의 우주관은 프톨레마이오스의 천동설과 코페르니쿠스의 지동설의 중간에 위치한 과도기적 성격을 띠고 있다. 지구는 우주 중심에 정지해 있지만 나머지 행성들은 지구 주위를 도는 태양을 중심으로 돈다는 우주관이다. 튀코 브라헤의 제자였던 케플러는 자신과 여러 면에서 맞지 않는 그를 지독하게 싫어하기도 했지만, 한편으로는 존경했다.

갈릴레오 갈릴레이(Galileo Galilei, 1564~1642)
이탈리아 피렌체에서 태어난 갈릴레이는 이론 수립과 실험을 통한 검증이라는 근대 과학의 방법론을 제시함으로써 과학이라는 새로운 철학 사조를 탄생시켰다. 대중의 인기를 한 몸에 받았지만, 말년에는 종교계의 탄압을 받았다. 하지만 그는 평생 동안 호기심과 창의성을 잃지 않고 연구를 이어나갔으며, 오히려 인생 말기로 갈수록 주옥같은 통찰을 이끌어냈다. 낙하와 관성에 대한 연구는 후일 뉴턴과 아인슈타인에 지대한 영향을 주었다. 아인슈타인의 상대성이론의 토대는 갈릴레이의 관성계의 상대성에서 기인한다.

요하네스 케플러(Johannes Kepler, 1571~1630)
독일 출신인 케플러는 지동설의 이유를 연구하는 데 평생을 바쳤다. 지구와 행성들이 태양을 중심으로 도는 데는 반드시 신의 의도, 즉 조화로운 규칙이 있을 것이라는 굳은 신념이 있었다. 스승 튀코 브라헤의 우수한 관측자료를 토대로 계산에 계산을 거듭한 결과, 행성운행 제1, 2법칙을 발견했고, 말년에는 제3법칙을 추가했다. 케플러는 태양이 행성들을 전진시키고, 끌어당긴다고 생각했고, 그 원인은 질량에 있다고 봄으로써 천문현상을 물리학으로 설명하는 혁신적인 시도를 했다.

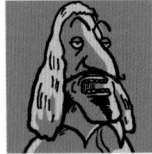
르네 데카르트(René Descartes, 1596~1650)
'나는 생각한다. 고로 나는 존재한다'라는 명제를 창시한 것으로 유명한 프랑스 출신의 데카르트는 근대 철학의 아버지로 불린다. 합리적이며 기계론적 세계관을 구축했으며, 기하학에 대수학을 접목시킨 해석기하학을 창시하기도 했다. 뉴턴은 젊은 시절 데카르트에 매료되어 있었고, 차츰 그를 부정하는 과정을 겪는다.

로버트 훅(Robert Hooke, 1635~1703)
영국의 자연철학자로 물리, 화학, 생물 등 다방면에서 훌륭한 업적을 많이 쌓았다. 세포(cell)란 용어를 최초로 사용하며 미시생물에 대한 새로운 장을 열었고, 압력과 기체의 관계, 연소에 대한 개념, 빛에 대한 연구, 중력이 거리의 역제곱법칙을 따른다는 연구 등 왕성한 연구활동을 보여주었다. 특히 중력 연구에 대해서 뉴턴과 오랫동안 선취권 문제로 충돌하였는데, 오히려 뉴턴이 중력 연구를 더 열심히 하게 하는 자극이 되었다.

아이작 뉴턴(Issac Newton, 1643~1727)
과학사를 뉴턴 이전과 이후로 구분할 만큼 그의 업적은 양적으로나 질적으로나 대단하다. 광학에 대한 연구, 미적분의 발견, 물리학에서는 역학법칙과 만유인력을 수학적으로 완성하는 등 여러 방면에서 큰 발자국을 찍었다. 뉴턴은 《자연철학의 수학적 원리》를 발표하여 오랫동안 풀지 못했던 근본적인 문제들, 지동설의 근간이론, 낙하현상, 운동하는 물체에 대한 문제 등을 단숨에 해결했다. 성격이 괴팍해서 연구의 선취권 문제로 로버트 훅, 라이프니츠 등과 지나치리만큼 격렬히 싸우기도 했다.

올레 크리스텐센 뢰머(Ole Christensen Rømer, 1644~1710)
덴마크의 천문학자 뢰머는 목성 위성의 식이 시간차가 있다는 것에서 빛이 유한하다는 것, 더 나아가 빛의 속도를 측정할 수 있다는 기발한 생각을 했고, 이로부터 빛의 속도를 측정함으로써 과학사에 이름을 남겼다.

에드먼드 핼리(Edmund Halley, 1656~1742)
영국의 천문학자 에드먼드 핼리는 그의 이름을 딴 핼리 혜성으로 유명한데, 역사적으로 등장했던 특정 혜성들이 동일한 것이라는 주장을 했고, 언제 혜성이 돌아올 것이라는 예측을 했으며 그것은 틀림없이 정확했다. 뉴턴과 사이좋은 몇 안 되는 사람 중 하나였으며, 뉴턴의 역사적인 저서 《자연철학의 수학적 원리》가 세상에 나오게 하는 데 중요한 역할을 하였다.

제임스 맥스웰(James Clerk Maxwell, 1831~1879)
스코틀랜드 출신의 제임스 맥스웰은 근현대 과학에서 뉴턴, 아인슈타인과 당당히 같은 자리에 있어 마땅할 만큼 중요한 족적을 남긴 사람이다. 전기와 자기가 결국 같은 것의 다른 표현이라는 전자기이론을 정립했으며 전자기가 다름 아닌 빛이라는 결론을 아름답기 그지없는 유명한 맥스웰 방정식이 말해준다. 아인슈타인 상대성이론은 맥스웰의 통찰이 있었기에 가능한 것이었다.

에른스트 마흐(Ernst Mach, 1838~1916)
오스트리아의 물리학자로 역학, 음향학, 생리학, 철학 등 다양한 분야에서 박학다식했다. 비행기의 속도를 음속의 배수로 표현하는 단위인 마하(Mach number)도 그의 이름을 딴 것이다. 뉴턴역학을 조목조목 따진 《역학의 발전-그 역사적 비판적 고찰》이라는 저서는 아인슈타인과 같은 후학들에게 영감을 주었으며 상대성이론이 탄생하는 계기가 되었다.

마이컬슨 & 몰리(Albert Abraham Michelson, 1852~1931 / Edward Williams Morley, 1838~1923)
폴란드 출신의 마이컬슨, 미국 출신의 몰리는 빛의 속도차로 에테르의 존재를 밝혀내겠다는 야심찬 계획을 실행에 옮겼다. 그들이 만든 장비와 방법은 흠잡을 데 없이 완벽했으나 어찌된 것이 에테르는 신기루처럼 좀처럼 잡히지가 않았다. 철저히 실패한 실험임에 분명한데, 역설적으로 빛의 이상한 점을 부각시켰고 다른 각도에서의 연구를 종용하는 계기가 되었다.

알베르트 아인슈타인(Albert Einstein, 1879~1955)
20세기를 대표할 인물 한 명을 선정하라고 한다면 가장 유력한 사람이 이 사람일 것이다. 아인슈타인은 뉴턴의 고전역학을 뒤엎었고, 빛에 대한 새로운 통찰을 이끌었으며, 양자역학이라는 새로운 학문을 탄생시켰다. 특히 상대성이론을 통해서 우주를 바라보는 완전히 새로운 눈을 갖게 했다. 현재 인류가 벌이는 수많은 활동은 그의 이론에 기반하고 있다. 상대성이론으로 큰 깨달음을 선사함과 동시에 양자역학으로 새로운 과제를 후대에 전해주기도 했다.

참고문헌

- 김영식·임경순, 《제2판 과학사신론》, 다산출판사, 2007년.
- 뉴턴코리아 편집부 엮음, 《누구나 이해할 수 있는 상대성이론》, 뉴턴코리아, 2009년.
  《뉴턴 역학과 만유인력》, 뉴턴코리아, 2011년.
  《빛이란 무엇인가?》, 뉴턴코리아, 2009년.
  《시간과 공간》, 뉴턴코리아, 2010년.
  《시간이란 무엇인가?》, 뉴턴코리아, 2009년.
- 데이비드 보더니스, 《E=mc2》, 김민희 옮김, 생각의나무, 2005년.
- 데이비드 엘리아드, 《다빈치에서 허블 망원경까지》, 조성호 옮김, 고려대학교출판부, 2010년.
- 데이비드 C. 린드버그, 《서양과학의 기원들》, 이종흡 옮김, 나남, 2009년.
- 로이 포터, 《2500년 과학사를 움직인 인물들》, 조숙경 옮김, 창비, 1999년.
- 리 스몰린, 《양자중력의 세 가지 길》, 김낙우 옮김, 사이언스북스, 2007년.
- 리처드 도킨스 외, 《사이언스 북》, 김희봉 옮김, 사이언스북스, 2002년.
- 마이클 화이트, 《갈릴레오》, 김명남 옮김, 사이언스북스, 2009년.
- 막스 야머, 《공간개념》, 이경직 옮김, 나남, 2008년.
- 미치오 카쿠, 《아인슈타인의 우주》, 고중숙 옮김, 승산, 2007년.
  《평행우주》, 박병철 옮김, 김영사, 2006년.
- 바실 메이헌, 《모든 것을 바꾼 사람》, 김요한 옮김, 지식의숲, 2008년.
- 배리 파커, 《상대적으로 쉬운 상대성이론》, 이충환 옮김, 양문, 2002년.
- 브라이언 그린, 《엘러건트 유니버스》, 박병철 옮김, 승산, 2002년.
  《우주의 구조》, 박병철 옮김, 승산, 2005년.
- 빌 브라이슨, 《거의 모든 것의 역사》, 이덕환 옮김, 까치글방, 2003년.
  《거인들의 생각과 힘》, 이덕환 옮김, 까치글방, 2010년.
- 사이먼 싱, 《사이먼 싱의 빅뱅》, 곽영직 옮김, 영림카디널, 2006년.
- 신시아 브라운, 《빅 히스토리》, 이근영 옮김, 프레시안북, 2009년.
- 야마모토 요시타카, 《과학의 탄생》, 이영기 옮김, 동아시아, 2005년.
- 양허, 《역사가 기억하는 세계 100대 과학》, 원녕경 옮김, 꾸벅, 2010년.
- 에밀리오 세그레, 《고전물리학의 창시자들을 찾아서》, 노봉환 옮김, 전파과학사, 1996년.
- 월터 아이작슨, 《아인슈타인 삶과 우주》, 이덕환 옮김, 까치글방, 2007년.
- 이언 스튜어트, 《자연의 패턴》, 김동광 옮김, 사이언스북스, 2005년.
- 장 마리 비구뢰, 《과학 안단테》, 이희정 옮김, 누림books, 2008년.

- 제이콥 브로노우스키, 《인간등정의 발자취》, 김현숙 외 옮김, 바다출판사, 2009년.
- 제임스 글릭, 《아이작 뉴턴》, 김동광 옮김, 승산, 2008년.
- 제임스 E. 매클렐란 3세·해럴드 도른, 《과학과 기술로 본 세계사 강의》, 전대호 옮김, 모티브북, 2006년.
- 조이 해킴, 《과학사 이야기》 시리즈, 곽영직 외 옮김, 꼬마이실, 2008년.
- 조지 가모브·러셀 스태나드, 《톰킨스 물리열차를 타다》, 이창희 옮김, 이지북, 2008년.
- 조지 존슨, 《세상의 비밀을 밝힌 위대한 실험》, 김정은 옮김, 에코의서재, 2009년.
- 존 그리빈, 《과학: 사람이 알아야 할 모든 것》, 강윤재 외 옮김, 들녘, 2004년.
- 존 캐리 엮음, 《지식의 원전》, 김문영 외 옮김, 바다출판사, 2004년.
- 존 D. 배로, 《우주의 기원》, 최승언 외 옮김, 사이언스북스, 2009년.
- 칼 세이건, 《코스모스》, 홍승수 옮김, 사이언스북스, 2004년.
- 커크 헤리엇, 《지식의 재발견》, 정기문 옮김, 이마고, 2009년.
- 프랑수아즈 발리바르·롤랑 르우크·장 마르크 레비 르블롱, 《물질이란 무엇인가》, 박수현 옮김, 알마, 2009년.
- 피터 D. 스미스, 《인간 아인슈타인》, 최진성 옮김, 시아출판사, 2005년.
- 하랄트 레슈·하랄트 차운, 《하루만에 읽는 생명의 역사》, 김하락 옮김, 21세기북스, 2010년.
- 한스 오하니언·레모 루피니, 《중력과 시공간 Ⅰ, Ⅱ》, 송두종 옮김, 아카넷, 2001년.
- 혼다 시케치카, 《그림으로 이해하는 우주과학사》, 조영렬, 개마고원, 2006년.
- 히로세 다치시게, 《질량의 기원》, 임승원 옮김, 전파과학사, 1996년.

찾아보기

ㄱ

가속 157, 159, 168, 209~210, 232~236, 264~271, 274, 276, 278, 283~284
가속도 157, 159, 170, 193, 197, 209~212, 226, 235, 264
가속도계 168, 264~265, 268~269
가속도의 법칙(뉴턴의 제2법칙) 210~213
가속운동 208, 231, 264
가시광선 242
각속도 129
갈릴레이(Galilei, Galileo) 89, 145, 148~152, 155, 157~160, 162~164, 168, 171, 173, 176, 178, 180, 183, 188, 190, 192~194, 197, 214, 239, 250~251, 253, 263
갈릴레이의 낙하실험 89, 154
갈릴레이의 상대성이론 250~251, 263
감속 159, 209
강제운동 87~88, 90~91, 103
《걸리버 여행기》 20
고대인의 우주관 29~30, 32~34, 70
공간 95, 207, 222, 233~236, 245, 247~248, 257~264, 270~273, 276~279, 283~284, 290
공기 81~83, 89~91, 95, 103~104, 155, 240, 243
공기저항 89, 95, 104, 155
공전 112, 119, 122, 129, 132, 134, 136
공전반지름 158, 194
공전주기 133~134, 198
관성 143, 160~164, 166, 168, 170, 190, 192, 208, 210, 227, 250, 274
관성계 168, 268, 174, 250~251, 255, 259, 263, 269
관성운동 162
관성의 법칙(뉴턴의 제1법칙) 212~213
관성질량 226~228, 276, 279
광속 261~263
광자 256
광자시계 256
그로스만(Grossmann, Marcel) 278
그리스 39, 50, 62, 79
그리스 철학자 39, 70, 72~73, 75
금성의 위상변화 151
기울기 156~157
길버트(Gilbert, William) 119, 120~122, 134, 136, 142, 172, 180, 190, 224

ㄴ

낙하 80, 86, 88~89, 94~95, 101, 105, 107, 117, 155~158, 168, 181, 188~189, 193, 196~200, 212, 226~227, 273~275, 289~290
낙하가속도 197
낙하거리 158, 196~198
낙하속도 154, 163, 187
낙하운동 79, 84, 86~87, 96, 99, 101, 103, 158, 163
낙하현상 37, 66~67, 75, 80, 82~83, 85, 95, 101~102, 105, 109, 111, 115, 117~118, 120~123, 142~143, 145, 154, 156, 158, 169, 181, 190, 199, 214
네테르 31
뉴턴(Newton, Issac) 133, 163, 183, 185, 188~193, 204, 206~214, 216~229, 232~238, 240, 247~248, 264, 276~277, 279~280, 283, 285, 289, 291~294

ㄷ

달 32~34, 37, 41, 48, 50~54, 57~60, 67, 69, 72, 117, 121, 137~138, 150~151, 187, 189, 196~198, 200, 208~209, 269, 273, 289
달의 공전주기 198
대우주 31
데모크리토스 101, 118
데카르트(Descartes, René) 176~183, 190, 192
등속 129, 162, 168, 174, 233, 250, 259, 264~265
등속운동 166, 168, 230, 232, 263~264, 268

ㄹ

라(Ra) 31
뢰머(Rømer, Ole Christensen) 239

ㅁ

마이컬슨(Michelson, Albert Abraham) 240~241, 243
마젤란(Magellan, Ferdinand) 116
마흐(Mach, Ernst) 235~236, 247, 283
만유인력 12, 185, 193~194, 200, 206~209, 213, 217, 222, 224, 236, 279
만유인력의 법칙 133, 191~192, 205~206, 208~209, 214, 217, 224~227, 236, 273, 279
망원경 150~151, 292~293

맥스웰(Maxwell, James Clerk) 242~243, 248, 251
맥스웰의 이론 242~243, 250~251
면적속도일정의 법칙(케플러의 제2법칙) 127, 130, 132, 134
목성 67, 150, 239
몰리(Morley, Edward Williams) 240~241, 243
무게 11, 13, 20, 23, 34, 39, 79, 85, 88~89, 91, 95, 99~100, 102, 105~106, 116, 121~123, 137, 139, 143, 147, 154, 177, 180~182, 188, 197, 208~209, 236, 275
무게의 상대성 100
무게중심 204
물 17~19, 21, 30~31, 81~83, 85~86, 91, 97, 99, 240, 243
물질대사 17
물체의 고유한 특성 85, 180
물체의 근본원소 81~85, 87, 91, 94, 100~101
미세물질 181~182, 191, 224
미적분(유율법) 185, 195, 198

ㅂ

'바깥에서 안쪽으로의 방향' 71
바빌로니아 30
방향성 선택 19
별 33~34, 41, 50, 61, 64~65, 67, 69, 74, 235, 289~290
불 37, 48, 51, 81~83, 91
뷔리당(Buridan, Jean) 104~108, 110, 112, 120
비유클리드 기하학 272
빛 50, 55, 185, 202, 230, 237~243, 248~251, 254~260, 262~264, 268~270, 274, 277, 289
빛의 속도 239~240, 242~243, 249~251, 256, 258~260, 262, 264, 277

ㅅ

사고실험 153, 159, 163
사람류 23~24
상대적 관점 86, 95, 232
상상력 13, 26~27, 29, 59
상승운동 101
상호작용 102, 182, 208, 217
생명 17, 101, 205
소요학파 147, 150, 172

소우주 31
수(숫자) 46~49, 51, 59, 81
수평선 40
시간 52~53, 57, 65, 88, 129, 157~158, 163, 170, 188, 193, 196, 213, 223, 230, 233, 239, 245~246, 249, 255~263, 277
시간과 공간의 불변성 263
시공간 259, 261, 272~279, 283~285, 293~294
시에네 54, 56~57
시차현상 64~65

ㅇ

아낙사고라스(Anaxagoras) 50~51, 64
아낙시만드로스(Anaximandros) 40~45, 214
아르키메데스(Archimedes) 100
아리스타르코스(Aristarchos) 51~55, 57, 59~63, 67~68, 70, 92~93, 115
아인슈타인(Einstein, Albert) 163, 248, 251, 258~264, 268~273, 275~280, 284~285, 289, 291~294
아인슈타인의 장방정식 277, 279
안티크톤 48
알렉산더 대왕 79
《알마게스트》 114
양성피드백 25
에너지 17, 20, 150, 245, 256, 277, 279, 283, 292~293
에라토스테네스 51~52, 55~57, 59
에테르 91~92, 238, 240~241, 243, 248, 250, 259, 263
엠페도클레스(Empedocles) 81
연주시차현상 64
오렘(Nicole d'Oresme) 107~109, 111~112, 120
오컴(William of Ockham) 112
오컴의 면도날 112, 114, 263
우주 16, 18, 28~33, 37, 43~45, 47~51, 57, 59, 60~62, 64, 66~68, 73, 75, 77~81, 84~86, 91~94, 96, 98, 102~103, 114~117, 120, 124, 126, 133~134, 142, 146~148, 160, 162, 164, 167, 179, 180~181, 184, 186, 191, 207, 216~217, 220~224, 235~236, 238, 245, 247~248, 259, 261~262, 265, 268~269, 272, 274, 276~277, 283~284, 289~291, 293
우주공간 38, 69~70, 73, 75, 95, 102, 119, 138, 168, 189, 192~193, 207, 222, 224, 231, 234, 240, 243, 250, 266~269
우주론 63, 79~80, 93, 115~116, 183

우주의 중심 48~49, 51, 62, 64, 66, 77, 79, 80, 83~84, 98, 108, 114~115, 117, 124, 126, 142, 148, 167, 289
우주의 크기 51, 57, 59
〈움직이는 물체의 전기역학에 관하여〉 259
원소 81~85, 120
원심력 208~209
원운동 80, 91, 126, 129, 161~162, 190~191, 269
월식 51~54, 57
'위와 아래가 있는 세상' 33, 75
이데아 49, 76, 163
이심(離心) 129
이오 239
이집트인 31
인도의 우주관 33
인력 123, 135,~137, 180, 190~193, 195, 197~198, 209, 276
인쇄술의 혁명 116
일반상대성이론 277~279
임페투스 104~106, 119
임페투스이론 105, 108, 119

ㅈ

자기이론 122, 134
자석 71, 119~122, 134~136, 142, 172, 217, 224
자연운동 87, 90~91, 103
자연현상 39, 79, 85, 119, 289
자전 108, 119~120, 122, 208~209
작용—반작용의 법칙(뉴턴의 제3법칙) 206, 212~214
저항 88~89, 95, 103~104, 106, 119, 154~155, 211, 226~227, 274~277
전자기파 242
절대가속 283
절대공간 233, 235, 240, 248, 250, 259, 264, 283
절대적 관점 86
정지상태 88, 143, 168, 212
제5원소 91
주기의 법칙(케플러의 제3법칙) 127, 133~134, 201
중력 10~13, 15, 20~23, 28, 34, 69, 96, 118~119, 121, 123, 163, 169~170, 181~182, 193, 200~201, 205~209, 214, 217, 219~228, 234, 236~237, 243~244, 264, 266~271, 273, 275~279, 283~284, 289, 290~293

중력가속도 193, 266~267
중력의 원리 246, 264, 279, 291
중력의 효과 10~11, 223~224, 289
중력상수 206
중력질량 226
지구 18, 20~21, 37~38, 47~51, 53~62, 64~67, 69~75, 77, 124, 126, 129~130, 135, 137~138, 140, 145~146, 148, 150~151, 160~161, 163, 167~168, 174, 180~181, 187~189, 196~198, 200, 206, 208~209, 213~214, 217, 223, 239~241, 243, 247~248, 264, 269, 271, 273~274, 277, 284, 289~290, 293
지구의 중심 66, 77, 80
지구의 특수성 160
지동설 51, 80, 115~116, 150~151, 217
지상의 세계 91, 96, 117
직립보행 23, 25
질량 140, 142~143, 156, 172~173, 184, 190, 193, 195, 206, 208~211, 213, 217
질량체 184, 210, 225, 273, 277

ㅊ

척력 136, 276~277
천구 65, 108~110
천동설 114~115, 125, 150~151, 174
천상의 세계 91, 96, 104, 117, 294
《천체의 회전에 관하여》 115
측지선 274

ㅋ

케플러(Kepler, Johannes) 102, 122~123, 125~136, 140~143, 147~149, 158, 161~162, 172~173, 180, 183, 190, 193~196, 198, 201, 205, 214, 242
코페르니쿠스(Copernicus, Nicolaus) 114~115, 117~119, 121, 126, 142, 183
쿠르고스 40, 41, 43

ㅌ

타원 127, 131~136, 162, 189, 191, 194, 208, 223, 269, 273
타원 궤도의 법칙(케플러의 제1법칙) 127, 132, 134
탈레스 45
태양 15, 31, 38, 41~42, 44, 48~51, 55, 57~65, 69, 72, 74, 98, 108, 115~117,

309

119, 121~122, 124, 126~130, 132~136, 142~143, 145, 147~148, 150~151, 161~162, 167, 174, 180~181, 190~192, 194, 196, 217, 223, 247~248, 273, 289, 293
태양신 31, 42
태양의 크기 57~58
태양중심설 63, 115, 124, 126, 132
튀코 브라헤 127~129, 133, 194, 242
특수상대성이론 259~264, 270, 277, 279

ㅍ

파동 202, 238, 240~241, 243, 248~249, 256
패러데이(Faraday, Michael) 242
《프린키피아》 204, 206, 209~210, 223, 225
프톨레마이오스(Ptolemaeos, Klaudios) 114~115, 125~126
플라톤(Plato) 49, 76, 81~82, 163, 214
피타고라스(Pythagoras) 46~49, 51, 53, 93, 193, 207, 214

ㅎ

핼리(Halley, Edmund) 201~204
헬리오스 42
현실세계 49, 76, 163
호모사피엔스 12, 24
화성 113, 117, 128~133
회전운동 91~92
훅(Hooke, Robert) 191~192, 201
흑점 145, 150
흙 81~83, 85, 91

그래비티 익스프레스
중력의 원리를 파헤치는 경이로운 여정

초판 1쇄 발행 2012년 11월 2일 **초판 9쇄 발행** 2017년 5월 8일
(이상 궁리 刊《어메이징 그래비티》)
개정판 1쇄 발행 2018년 2월 22일 **개정판 9쇄 발행** 2022년 5월 3일

지은이 조진호
펴낸이 이승현

편집1 본부장 한수미
에세이1 팀장 최유연
편집 박경아
디자인 이세호

펴낸곳 ㈜위즈덤하우스 **출판등록** 2000년 5월 23일 제13-1071호
주소 서울특별시 마포구 양화로 19 합정오피스빌딩 17층
전화 02) 2179-5600 **홈페이지** www.wisdomhouse.co.kr

ISBN 979-11-6220-302-6 07400
    979-11-6220-987-5 (세트)

- 이 책의 전부 또는 일부 내용을 재사용하려면 반드시 사전에 저작권자와 ㈜위즈덤하우스의 동의를 받아야 합니다.
- 인쇄·제작 및 유통상의 파본 도서는 구입하신 서점에서 바꿔드립니다.
- 책값은 뒤표지에 있습니다.